U0171542

一本书读懂建设工程

李祥军　亓　霞
王元华　解本政 / 著

法律出版社 LAW PRESS·CHINA
北京

图书在版编目（CIP）数据

一本书读懂建设工程 / 李祥军等著. -- 北京：法律出版社，2022
ISBN 978-7-5197-6130-1

Ⅰ. ①一… Ⅱ. ①李… Ⅲ. ①建筑工程 Ⅳ. ①TU

中国版本图书馆 CIP 数据核字(2021)第 221831 号

一本书读懂建设工程
YIBENSHU DUDONG JIANSHE GONGCHENG

李祥军 等著

策划编辑 刘秀丽
责任编辑 刘秀丽
装帧设计 马 帅

出版发行 法律出版社
编辑统筹 法商出版分社
责任校对 王晓萍 王语童
责任印制 胡晓雅
经 销 新华书店

开本 710 毫米×1000 毫米 1/16
印张 13.25 **字数** 205 千
版本 2022 年 1 月第 1 版
印次 2022 年 1 月第 1 次印刷
印刷 固安华明印业有限公司

地址:北京市丰台区莲花池西里 7 号(100073)
网址:www.lawpress.com.cn
投稿邮箱:info@lawpress.com.cn
举报盗版邮箱:jbwq@lawpress.com.cn

销售电话:010-83938349
客服电话:010-83938350
咨询电话:010-63939796

书号:ISBN 978-7-5197-6130-1
定价:68.00 元

凡购买本社图书,如有印装错误,我社负责退换。电话:010-83938349

contents # 目录

Chapter 04

建设工程采购 第四章

Chapter 05

建设工程勘察与设计 第五章

Chapter 06

建设工程施工 第六章

Chapter 07

工程移交与保修 第七章

Chapter 08

地产开发项目销售 第八章

Chapter 01 第一章

概　述

一、建设工程范畴与类别

（一）建设工程的理解

日常工作生活中，建设工程、建筑工程或者建设工程项目这些词语耳熟能详，容易引起理解上的错误，即认为是一个概念，实际上则不然。根据《建设工程分类标准》（GB/T 50841—2013），建设工程的定义是为人类生活、生产提供物质技术基础的各类建（构）筑物和工程设施的总称。建筑工程则是供人们进行生产、生活或其他活动的房屋或场所的通称。在《建设工程分类标准》的概念解析下，建筑工程实质上是属于建设工程概念的范畴。而建设工程项目，一般是用于强调正在进行，尚未完工的在建建设工程。《建设工程项目管理规范》（GB/T 50326—2017）中对建设工程项目进行了定义，是为完成依法立项的新建、扩建、改建工程而进行的、有起止日期的、达到规定要求的一组相互关联的受控活动，包括策划、勘察、设计、采购、施工、试运行、竣工验收和考核评价等阶段。

（二）建设工程的类别

建设工程是人类有组织、有目的、大规模的经济活动，也是固定资产再生产过程中形成综合生产能力或发挥工程效益的工程项目。建设工程涵盖的范围非常广，根据《建设工程分类标准》（GB/T 50841—2013），可将建设工程按照自然属性分为建筑工程、土木工程和机电工程三大类。

1. 建筑工程

建筑工程，指通过对各类房屋建筑及其附属设施的建造和与其配套的线路、管道、设备的安装活动所形成的工程实体。按照使用性质可分为民用建筑工程、工业建筑工程、构筑物工程及其他建筑工程等。民用建筑工程一般是直接用于满足人们的物质和文化生活需要的非生产性建筑，例如，住宅楼、商住楼、办公楼、教学楼、宾馆、宿舍等。工业建筑工程是指从事物质生产和直接为生产服务的建筑工程，例如生产车间、实验车间、仓库、实验室、锅炉房、变电所等。构筑物工程一般不具备居住功能，人们一般也不直接在其中进行生产和生活，常见的构筑物有围墙、水塔、烟囱、垃圾池等。

建筑工程按照组成结构还可划分为地基与基础工程、主体结构工程、建筑屋面工程、建筑装饰装修工程和室外建筑工程；按照空间位置可分为地下工程、地上工程、水下工程、水上工程等。

2. 土木工程

土木工程是指除房屋建筑以外，为新建、改建或扩建各类工程的建筑物、构筑物和相关配套设施等所进行的勘察、规划、设计、施工、安装和维护等各项技术工作及其完成的工程实体。土木工程，可分为道路工程、轨道交通工程、桥涵工程、隧道工程、水工工程、矿山工程、架线与管沟工程、其他土木工程。其中道路工程可分为公路工程，城市道路工程，机场场道工程，厂矿、林区专用道路工程，其他道路工程。其中，公路工程一般在城市规划区外，是连接城市与城市之间的道路；城市道路工程，一般是指城市规划区之内的道路。轨道交通工程可分为铁路工程、城市轨道交通工程和其他轨道工程。桥涵工程可分为桥梁工程和涵洞工程。隧道工程可分为洞身工程、洞门工程、辅助坑道工程及隧道其他工程。水工工程可分为水利水电工程、港口工程、航道工程及其他水工工程。矿山工程可分为地下矿山工程、露天矿山工程、矿山配套工程三大类；也可分为煤炭矿山工程、黑色金属矿山工程、稀有金属矿山工程、非金属矿山工程和化工矿山工程等。架线与管沟工程可分为架线工程和管沟工程两大类。

3. 机电工程

机电工程是机械和电气工程两个专业的统称，可分为机械设备工程、静置设备与工艺金属结构工程、电器工程、自动化控制仪表工程、建筑智能化工程、管道工程、消防工程、净化工程、通风与空调工程、设备及管道防腐蚀与绝热工程、工业炉工程、电子与通信及广电工程等。

根据《建设工程分类标准》(GB/T 50841—2013)，建设工程也可按照使用功能划分为房屋建筑工程、铁路工程、公路工程、水利工程、市政工程、煤炭矿山工程、水运工程、海洋工程、民航工程、商业与物资工程、农业工程、林业工程、粮食工程、石油天然气工程、海洋石油工程、火电工程、水电工程、核工业工程、建材工程、冶金工程、有色金属工程、石化工程、化工工程、医药工程、机械工程、航天与航空工程、兵器与船舶工程、轻工工程、纺织工程、电子与通信工程和广播电影电视工程等。

二、房屋建筑的结构类型

房屋建筑作为身边最常见的建设工程，按层数可分为低层建筑、大跨度建筑、多层建筑、高层与超高层建筑等，不同类型建筑的结构类型亦多种多样。

(一)低层建筑

低层建筑一般指的是不高于3层，建筑高度低于10米的建筑。例如，不高于3层的别墅或者乡村住宅就属于低层民用建筑，这类的建筑的结构形式一般采用砖混结构，即砖或砌块与混凝土相结合的形式。其中一层建筑又可分为单层民用建筑和单层工业厂房。单层工业厂房结构形式有排架结构和钢架结构。排架结构指柱与基础浇筑在一起，不能产生相对转动，是为刚接；屋架与柱顶的连接可以围绕结点相对转动，是为铰接。钢架结构即梁或屋架与柱的连接为一个整体，属于刚性连接。

(二)大跨度建筑

大跨度建筑是指跨度大于60米的建筑。大跨度建筑常用于展览馆、体育馆、影剧院、飞机机库等。按整体受力形式可分为平面结构体系和空间结构体系。其中,平面结构体系,是指组成结构与其所受外力在同一个平面,主要有拱结构、折板结构、桁架结构。空间结构体系中结构构件三面受力,主要有网架结构、网壳结构、悬索结构、膜结构、薄壳结构等。

1. 网架结构

网架结构为大跨度结构最常见的结构形式,因其属于空间结构体系,故一般称为空间网架,是由多根小截面杆件按照一定的网格形式通过节点连接而成的空间结构。网架结构从外形观看是有小截面杆件组合起来的立体网状形式。构成网架的基本单元有三角锥、三棱体、正方体、截头四角锥等,由这些基本单元可组合成平面形状的三边形、四边形、六边形、圆形或其他任何形体。

2. 网壳结构

网壳结构是以钢杆件组成的曲面网格结构。网壳与网架的区别在于曲面与平面。网壳结构由于本身特有的曲面而具有较大的刚度,因而有可能做成单层,这是它不同于平板型网架的一个特点。

3. 悬索结构

悬索为轴线受拉结构,它能够充分发挥材料的受拉性能。这种结构选用钢材,无疑是一种理想的大跨度结构。武汉杨泗港长江大桥跨度 1700 米,是双层悬索世界第一跨。该结构由自然凹曲的悬索突显建筑造型的优美和韵味。从结构上,由于受力合理,充分发挥材料性能,使得结构轻盈,用钢节省且施工方便。

4. 膜结构

膜结构可分为张拉膜结构和充气膜结构两大类。张拉膜结构是通过柱及钢架支承或钢索张拉成型;充气膜结构是通过风机向结构内部鼓风送气,使膜结构内外保持一定的压力差,以保证膜结构体系的刚度,维持所设计的形状。

2008 年北京奥运会的水立方游泳馆就是采用多层气枕构成的充气式膜结构的建筑。

5. 薄壳结构

薄壳结构常用的形状为圆顶、筒壳、折板、双曲扁壳和双曲抛物面壳等。圆顶可为光滑的,也可为带肋的。例如,我国的国家大剧院、天津博物馆等都是典型的薄壳结构建筑。

（三）多层建筑

一般低于8层或建筑总高度低于24米的建筑称为多层建筑。多层建筑主要应用于居民住宅、商场、办公楼、旅馆等。常用结构形式为砖混结构、框架结构。

砖混结构指用不同的材料建造的房屋，通常墙体采用砖砌体，屋面和楼板采用钢筋混凝土结构，故称砖混结构。

框架结构指由梁和柱刚性连接成骨架的结构。框架结构的优点是强度高、自重轻、整体性和抗震性能好。因其采用梁柱承重，因此建筑布置灵活，可获得较大的使用空间，使用广泛，主要应用于多层工业厂房、仓库、商场、办公楼等建筑。

多层建筑可采用现浇，也可采用装配式或装配整体式结构。现浇钢筋混凝土整体性好；装配式和装配整体式结构采用预制构件，现场组装，其整体性较差，但便于工业化生产和机械化施工。

（四）高层与超高层建筑

一般9～40层，建筑总高度在100米以内的建筑为高层建筑。根据《建筑设计防火规范》，高层建筑是指建筑高度大于27米的住宅建筑和建筑高度大于24米的非单层厂房、仓库和其他民用建筑。《高层建筑混凝土结构技术规程》中将10层及10层以上或房屋高度大于28米的住宅建筑和房屋高度大于24米的其他高层民用建筑混凝土结构视为高层建筑。

一般40层以上，超过100米的建筑为超高层建筑。中国《民用建筑设计通则》规定建筑高度超过100米时，不论住宅及公共建筑均为超高层建筑。根据世界超高层建筑学会的新标准，300米以上为超高层建筑。例如，总高度为828米的哈利法塔，总高度为632米的上海中心大厦，总高度为492米的上海环球金融中心等，都属于超高层建筑。

高层、超高层建筑体现出了城市的繁荣、活力与发展，但也会带来许多问题。这些高楼都是集宾馆、办公、购物中心、餐饮和娱乐为一体的综合建筑，会给市政配套设施带来巨大的压力。由于楼内部管道竖井多、敞开通道多、用火用电多、聚集人员多的“四多”特点，使超高层建筑灭火安全格外值得关注。这都为高层建筑的设计、开发、建设和运营带来了巨大挑战。

高层与超高层结构的主要结构形式有，框架结构、框架—剪力墙结构、剪力墙结构、筒体结构等。

1. 框架结构

框架结构因其受力体系由梁、柱组成，用以承受竖向荷载是合理的，在承受水平荷载方面能力很差。因此，其仅适用于房屋高度不大，层数不多的建筑。因为，当房屋层数不多时，风荷载的影响很小，竖向荷载对结构的设计起控制作用；但当层数较多时，水平荷载对结构设计具有很大的影响，框架结构不再适用。

2. 框架—剪力墙结构

剪力墙即为一段钢筋混凝土墙体，因其抵抗横向剪力的能力很强，故称为剪力墙。在框架—剪力墙结构中，框架与剪力墙协同受力，剪力墙承担绝大部分水平荷载，框架则以承担竖向荷载为主，这样，可以大大减少柱子的截面。

剪力墙在一定程度上限制了建筑平面布置的灵活性。这种体系一般用于办公楼、旅馆、住宅及某些工业用房。

3. 剪力墙结构

当房屋的层数更高时，横向水平荷载已对结构设计起控制作用，宜采用剪力墙结构，即全部采用纵横布置的剪力墙组成，剪力墙不仅承受水平荷载，亦用来承受垂直荷载。

剪力墙结构因其空间分隔固定，建筑布置极不灵活，所以一般用于住宅、旅馆等建筑。

4. 筒体结构

筒体结构是由一个或多个筒体作承重结构的高层建筑体系，即从外形来看，是圆形或椭圆形的，一般适用于层数较多的超高层建筑。

筒体结构可分为框筒体系、筒中筒体系、桁架筒体系、成束筒体系等。

(1) 框筒体系

框筒体系采用内筒外框的形式，内芯由剪力墙构成，周边为框架结构。

(2) 筒中筒体系

当周边的框架柱布置较密时，可将周边框架视为外筒，而将内芯的剪力墙视为内筒，则构成筒中筒体系。这类建筑，进入内部一般可见大空间的挑空。

(3)桁架筒体系

在筒体结构中,增加斜撑来抵抗水平荷载,以进一步提高结构承受水平荷载的能力,增加体系的刚度,这种结构体系称为桁架筒体系。

(4)成束筒体系

成束筒体系是由多个筒体组成的筒体结构。最典型的成束筒体系的建筑应为美国芝加哥的西尔斯大厦,地上 110 层,地下 3 层,高 443 米,包括两根 TV 天线高 475.18 米,采用钢结构成束筒体系。

(五)特种结构

特种结构是指具有特种用途的工程结构,包括高耸结构、海洋工程结构、管道结构、容器结构和核电站结构等。下面介绍工业中常用的几种特种结构。

1. 烟囱

烟囱是工业中常用的构筑物,是把烟气排入高空的高耸结构,能改善燃烧条件,减轻烟气对环境的污染。烟囱按建筑材料可分为砖烟囱、钢筋混凝土烟囱和钢烟囱三类。

2. 水塔

水塔是储水和配水的高耸结构,是给水工程中常用的构筑物,用来保持和调节给水管网中的水量和水压。水塔由水箱、塔身和基础三部分组成。

水塔按建筑材料分为钢筋混凝土水塔、钢水塔、砖石塔身与钢筋混凝土塔箱组合的水塔。法国有一座多功能的水塔,在最高处设置水箱,中部为办公用房,底层是商场。我国也有烟囱和水塔建在一起的双功能构筑物。

水箱的形式分为圆柱壳式和倒锥壳式。在我国这两种形式应用最多,此外还有球形、箱形、碗形和水珠形等多种。

3. 水池

水池同水塔一样用于储水。不同的是:水塔用支架或支筒支承,水池多建造在地面和地下。水池按材料分为:钢水池、钢筋混凝土水池、钢丝网水泥水池、砖石水池等。

泳池是建筑工程中的一个重要部分。随着生活水平的提高,现在别墅带私家泳池,式样新颖。泳池给人们带来了很多好处,它为人们提供了一个度假避暑的场所。泳池采用不规则形状的池沿,再配合风景如画的环境,就可以形成类似天然池塘或礁湖的效果。

4. 筒仓

筒仓是贮存粒状和粉状松散物体(如谷物、面粉、水泥、碎煤、精矿粉等)的立式容器,可作为生产企业调节和短期贮存生产用的附属设施,也可作为长期贮存粮食的仓库。

三、建设工程全寿命周期

(一)工程全寿命期的概念

任何一个工程的建设过程都是一个一次性任务,因而有起点和终点,就像一个人一样,有他的寿命。工程设计寿命是在工程前期对工程合理使用年限(耐久年限)的规定,是从工程竣工投入运行算起,到最终停止运行,不能使用为止的时间。

工程实际使用寿命是工程实际运行(使用)年限。使工程达到设计寿命,或者在设计寿命期内能够正常地发挥功能作用,这是实现工程价值的基本要求。但一般情况下,工程的实际使用寿命并不等于设计寿命。有的建筑历经数百年,有的短短数年就被拆除。

在工程的不同阶段,人们关注不同的“工程寿命”,在工程前期注重科学地制定设计寿命,并以此进行工程设计;在建造阶段注重通过采购管理和施工质量管理达到设计寿命所要求的质量标准;在运行阶段通过运行维护、健康管理、更新改造等延长使用期;直到工程拆除时才能够准确得到工程的实际使用寿命。

上面所说的工程寿命是指工程从投入使用到拆除所经过的时间,它是指工程的运行(使用)寿命,主要是从工程运行和功能作用的发挥角度出发的,而工程全寿命期是指从工程构思产生到工程消亡(报废)的全过程。这个概念对工程管理来说有更大的意义和价值。

(二)工程项目阶段划分

不同类型和规模的工程全寿命期是不一样的,但它们都可以分为如图 1 - 1 所示的五个阶段,每个阶段又有复杂的程序,形成一个完整的工程全寿命期过程。

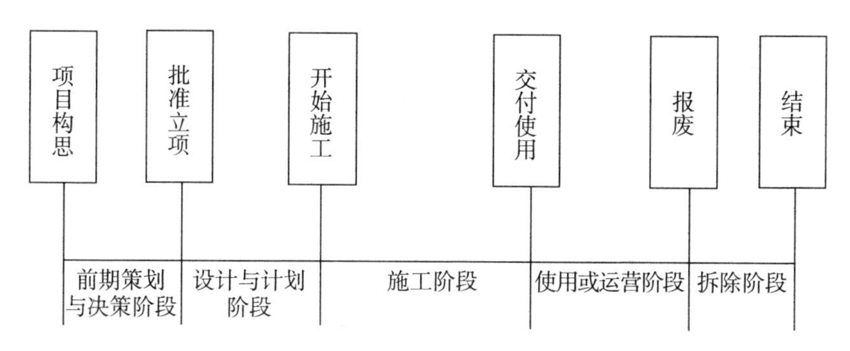

图 1－1 工程全寿命期阶段划分

在图 1－1 所示的全寿命期中，工程系统经历从概念形成，到形象构建、实体构建，再到通过运行发挥价值，最终拆除、实体消亡的各个阶段。

1. 工程前期策划与决策阶段

这个阶段从工程构思产生到批准立项为止，是工程的概念形成的过程，经过规范化的决策程序，工程获得投资的许可。它是对一个工程建设项目的论证过程，主要包含图 1－2 所示的工作。

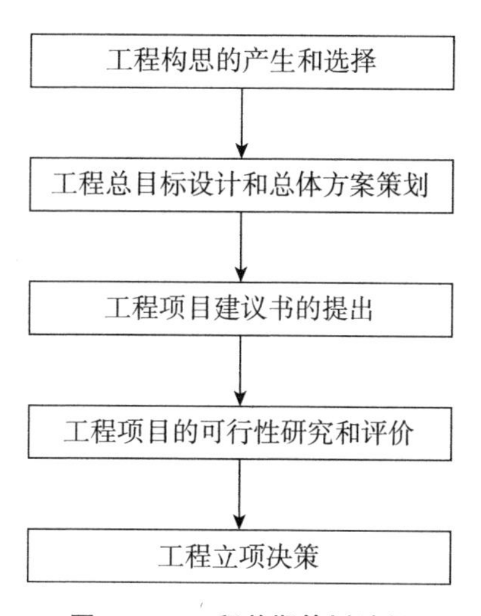

图 1－2 工程前期策划过程

（1）工程构思的产生和选择

工程构思是对工程机会的思考，它可能仅仅是几个初步的想法，但却是一个工程的起源。它常常来自工程的上层系统，即工程投资者面临的挑战与问题，以及未来发展战略的需求。

工程构思仅仅是一个理想化的,诱发投资工程意图的想法。在一个具体的社会环境中,人们所面对的问题和实际需要有很多,这种构思可能多种多样,人们可以通过许多途径和方法解决问题,达到目的,同时由于社会资源有限,人们解决问题的能力有限,并不是所有的工程构思都是值得或者能够实施的。这就需要经过周密的研究和论证。

(2)工程总目标设计和总体方案策划

工程建设项目的总目标是工程建设和运行所要达到的结果状态,它将是工程总体方案策划、可行性研究、设计和计划、施工、运行管理的依据。

工程总体方案是对工程系统和实施方法的初步设想,包括:工程产品方案和设计、实施、运行方面的总体方案,如工程总布局、工程结构选型和总体建设方案、工程建设项目阶段划分、融资方案等。

(3)工程项目建议书的提出

工程项目建议书是对工程构思情况和问题、环境条件、工程总目标、工程总体方案等的说明和细化,同时提出需要进一步研究的各个细节和指标,作为后续可行性研究、技术设计和计划的依据。它将工程目标转变成具体的实在的工程建设任务。

对于一些大型公共工程,工程项目建议书必须经过主管部门初步审查批准;通常要提出工程选址申请书,由土地管理部门对建设用地的有关事项进行审查,提出意见;城市规划部门提出选址意见;环境保护部门对工程的环境影响进行审查,并发出许可证。

(4)工程项目的可行性研究和评价

可行性研究和评价是对工程建设项目总目标和总方案进行全面的技术经济论证,看是否有可行性。它是工程前期策划阶段最重要的工作。

(5)工程立项决策

根据工程可行性研究和评价的结果,由上层组织对项目立项作出决策。在我国,可行性研究报告经过批准后,工程就正式立项。经批准的可行性研究报告可以作为工程建设任务书,作为工程初步设计的依据。

(6)前期策划过程中涉及的一些其他相关工作

在前期策划过程中,必须不断进行环境调查,客观地反映和分析问题,并对环境发展趋势进行合理的预测;必须设置几个阶段决策点,对各项工作结果进行分析、评价和选择;要不断地进行调整、修改、优化,甚至放弃原定的构思、目标或方案。

2. 工程的设计和计划阶段

从工程批准立项到现场开工是工程的设计和计划阶段。这是工程形象的形成阶段,这个阶段通过设计文件虚拟化描述工程的形象和运行功能,通过计划文件描述建设和运行情况。不同的工程领域,由于工程系统的差异性,在这阶段工作的任务和过程中有一定的差异,但通常包括如下工作:

(1)工程建设管理组织的筹建

基于项目法人制的要求,工程经审批立项后,应正式组建工程建设管理组织,也就是通常意义上的业主(需具备法人资格),由其负责工程的建设管理工作。

(2)土地的获取

工程在建设前必须获得在相应土地上建设工程的法律权利,即土地使用权。土地可通过出让或划拨的方式获取。国有土地出让,是指国家以土地所有者的身份将土地使用权在一定年限内让与土地使用者,并由土地使用者向国家支付土地使用权出让金的行为。划拨,是指经县级以上人民政府依法批准,在土地使用者缴纳补偿、安置等费用后,取得的国有土地使用权,或者经县级以上人民政府依法批准后无偿取得的国有土地使用权。出让与划拨,都是针对国有土地。如果需要使用集体土地,必须经过征用,使之转为国有土地后才能通过出让或划拨取得使用权。农村集体经营性建设用地可依据《土地管理法》规定,以"符合规划"与"用途管制"为前提入市。

(3)工程规划

工程规划,是在城市规划的基础上,对整个工程系统进行总体布局,又叫工程系统规划。工程的规划文件必须经过政府规划管理部门的审批,这样工程建设才有法定的效力。在以后的设计、施工中必须严格按照政府规划管理部门批准的规划文件执行。

(4)工程勘察工作

工程勘察是指采用专业技术手段和方法对工程所在地的工程地质情况、水文地质情况进行调查研究,对工程场地进行测量,以对工程地基作出评价。工程勘察对工程的规划、设计、施工方案、现场平面布置等有重大影响。

(5)工程技术系统设计

按照工程规模和复杂程度的不同,工程技术系统设计的工作阶段划分会有所不同,一般经过方案设计、初步设计、技术设计、施工图设计阶段。

(6)编制工程实施计划

由项目的工程建设管理组织对工程建造过程进行全面系统地计划,作出周密安排,当然也可委托专业工程咨询机构编制计划。

(7)工程施工前的各种批准手续的办理

工程施工之前的手续主要涵盖立项手续、规划手续、建设与施工许可手续,以及在以上三大类手续之下的专项手续等。

3. 工程施工阶段

工程施工阶段从现场开工到工程竣工、验收交付为止。这是工程实体的形成阶段,在这个阶段,工程施工单位、设计单位、供应商、项目管理(咨询、监理)单位等需要通力合作,按照实施计划和合同的要求,完成各自任务,将设计蓝图经过施工过程一步步形成符合要求的工程实体。在这个阶段资源投入量最大,工作专业性也非常强。这阶段的工作包括施工前准备、施工过程、竣工验收、运行准备、工程保修、工程项目后评价等工作。

其中,施工前准备工作包括承包商提出开工申请或业主通过工程师签发开工令;按照红线定位图、规划放线资料对工程进行定位、放线和验线;现场平整和临时设施搭设,使现场具有可施工条件;图纸会审和技术交底;编制施工组织计划;组织施工资源进场,并按照施工计划要求保障资源持续供应。

施工过程中有许多专业工程施工活动。例如,一般的房屋建筑工程有以下工程施工活动:基础工程和主体结构工程施工;配套设施工程施工;工程设备安装;装饰工程施工;楼外工程施工。在工程施工中需要这合理安排这些专业之间的搭接。

4. 工程的使用或运营阶段

使用或运营阶段是工程从建设阶段结束,投入使用到报废的过程。在这个阶段,工程通过运行实现它的使用价值。

5. 工程拆除阶段

最终,工程寿命期结束,退出运行,报废,被拆除,工程实体灭失。工程的拆除也是一项专业性非常强的工作,通常也会作为一个项目来进行。对于不同的工程,遗址会有不同的处理,利于遗弃、改造、建设新的工程等。

四、建设工程利益相关者

(一)工程项目相关者的含义

工程项目相关者,又叫项目的干系人,或项目利益相关者。简言之,是与工程项目建设存在直接或间接利害关系、利益关系的行政主管部门、企业或个人。

《项目管理知识体系指南》对相关者的定义,是积极参与项目或其利益可能受项目实施或完成的积极或消极影响的个人或组织。

《建设工程项目管理规范》(GB/T 50326—2017)中工程项目相关者的定义是能够影响决策、活动,或受决策、活动影响,或感觉自身受到决策或活动影响的个人或组织。

工程项目相关者可能来自项目组织内部,也可能来自项目组织外部,项目会给他们带来积极或者消极的影响,他们对项目也有着自己的目标和期望。他们对项目的支持程度、认可程度和他们在项目中的组织行为,是由他们对项目的满意程度、目标和期望的实现程度决定的。因此,项目的总目标应该协调项目相关各方的目标和利益,体现各方面利益的平衡,使各相关者满意。这样有利于团结协作、互相信任,确保项目的整体利益,有利于项目的成功。

过去人们过于强调工程项目的投资者或业主的利益,忽视项目其他相关者的利益。实践证明,在这种情况下,没有各方面的满意,会出现对抗情绪和行为,不可能有成功的项目。

(二)工程项目的主要相关者及需求

ISO10006 定义项目相关者可能包括:“顾客,项目产品的接受者;消费者,如项目产品的使用者;所有者,如启动项目的组织;合作伙伴,如在合资项目中;资金提供者,如金融机构;分包方,为项目组织提供产品或服务的组织;社会,如司法机构和广大公众;内部人员,如项目组织的成员。”

由于工程项目的特殊性,工程项目的相关者的范围广泛,超出传统的工程项目组织的范围。从总体上看,工程项目的相关者主要包括以下几方:

(1)工程项目产品的用户(顾客)。即直接购买或使用或接受工程运行所提供的最终产品或服务的人或单位。有的时候用户就是项目的建设单位,有的时候却是不同的,例如,房地产开发项目的使用者是房屋的购买者或用户,建设单位是房地产开发商;城市地铁项目的使用者是乘客,建设单位可能是专门为其成立的地铁投资建设公司。

用户购买项目的产品或服务,是项目的直接使用者,决定项目的市场需求和存在价值。通常用户对工程项目的要求有:产品或服务的价格合理;在功能上符合要求,同时讲究舒适、健康、安全性、可用性;有周到、完备、人性化的服务;以人为本,符合人们的文化、价值观、审美要求等。

(2)投资者。即为项目提供资金或财务资源的个人或集体。如项目的直接投资单位、参与项目融资的金融单位,或项目所属的企业等。

投资者为项目提供资金,注重工程最终产品或服务的市场,并从工程的运行中获得预期的投资收益,承担投资风险,行使与风险对应的管理权利,如参与项目重大问题的决策,在工程建设和运行过程中的宏观管理,对项目收益的分配等。

投资者的目标和期望可能有:以一定量的投资完成工程项目;通过工程的运行取得预定的投资回报,达到预定的投资回报率;承担较低的投资风险等。

(3)业主。业主以项目所有者的身份出现,是建设工程项目生产过程的总集成者。

业主的目标是实现工程全寿命期整体的综合效益,他不仅代表和反映投资者的利益和期望,而且要关注项目任务承担者的利益,更应注重项目相关各方面利益的平衡。业主方是建设工程项目生产过程的总组织者,业主方的项目管理是项目管理的核心。

(4)项目任务承担者。项目任务的承担者包括承包商、供应商、勘察和设计单位、咨询单位、技术服务单位等。他们接受业主的委托完成项目或项目管理任务。他们又可以分为两类:

①项目管理(咨询或监理)公司。他们为业主提供专业的项目管理和咨询服务,协调承包商、设计单位和供应单位关系。所以,他主要代表和反映业主的利益和期望,追求工程全寿命期的整体的综合效益。

②承包商、供应商、勘察和设计单位、技术服务单位等。他们通常接受业主的委托在规定工期内完成合同规定的专业性工作任务,希望通过项目的实施取

得合理的工程价款和利润、赢得信誉和良好的企业形象。

(5)工程运行单位。工程运行单位在工程建成后接受运行管理任务,直接使用工程生产产品或提供服务。它的任务是使工程达到预定的产品生产能力或服务能力,以及质量要求等。例如,在城市地铁建设项目中,工程运行单位指地铁的运行公司和相关生产者(包括运行操作人员和维护管理人员)。工程运行单位(或员工)希望有安全、舒适、人性化的工作环境,且工程运行维护方便、成本低。

(6)政府及相关机构。一般政府建设主管部门不直接参与工程项目的建设过程,而是通过法律和行政手段对项目的实施过程和相关活动实施监督管理。由于建筑产品所具有的特殊性,政府机构对工程项目的实施过程的控制和管理比其他行业的产品生产都严格,它贯穿项目实施的各个阶段。政府对工程项目的监督管理主要在工程项目和建设市场两个方面。

政府要维护公众利益,注重工程项目的社会效益、环境效益,希望通过工程项目促进地区经济的繁荣和社会的可持续发展,解决当地的就业和其他社会问题,增加地方财力,改善地方形象,提升政绩等。

(7)项目所在地的周边组织。如项目所在地上的原居民、周边的社区组织、居民、媒体、环境保护组织、其他社会大众等。项目周边组织要求保护环境,保护景观和文物,要求就业、拆迁安置或赔偿,有时还包括对工程的特殊的使用要求等。

从上面的分析可以看出,项目相关者的目标往往相距甚远,甚至相互冲突。在项目管理中对项目相关者识别和界定,对他们的目标、期望、组织行为进行研究和确定是十分重要的。项目管理者必须在项目的全过程中解决项目总目标和项目相关者需求之间的矛盾,分析他们对项目的影响,并一直关注项目相关者需求的变化,以确保项目的成功。

Chapter 02 第二章

建设工程前期策划

一、前期策划的类别与范围

建设工程前期策划是指在建设工程全寿命周期的第一个阶段，即策划阶段，投资人自行或委托专业机构，收集政策、经济、市场与工程所在地的相关资料，并进行充分的调查研究，进而作出投资与建设决策的过程。在充分掌握相关信息与资料的基础上，针对建设工程的投资决策和建设实施，进行组织、管理、经济和技术等方面的科学分析和论证。建设工程前期策划是投资人作出科学、合理投资决策的前提。

根据策划目的、时间和内容的不同，建设工程前期策划分为建设工程决策策划和建设工程实施策划。无论是决策策划，还是实施策划，必须建立在对拟建工程项目全面、深入地调查分析基础之上。因此，需将建设工程项目的环境调查与分析置于前期策划的范畴之内。

（一）环境调查与分析

建设工程的环境调查与分析是对拟建建设工程所必须依赖或深受影响的客观环境条件与资源进行综合性的评价，以辅助建设工程的决策与实施策划。即调查分析环境条件与资源是否允许拟建工程投资，是否有利于投资实施，能否保障投资收益，存在哪些限制或者障碍,在实施过程中需要重点考虑并设计解决的问题有哪些。

策划是指在充分地占有信息和资料的前提下进行的创造性劳动。充分地占有信息和资料是实施策划的先决条件,否则它将无法进行。因此,环境调查与资料分析工作,既是开展策划工作的第一步,又是最根本的环节。所以,必须针对影响工程项目策划工作的各方面因素作出调查,并对其中的一些重大问题进行认真的分析,找出可能会影响整个项目投资决策与建设实施的主客观因素,为其后续的策划工作提供良好的依据。

环境的调查与分析是以拟建建设工程所处环境为调查对象,基于拟建建设工程的全寿命周期,对拟建建设工程投资决策与建设实施过程中可能会遇到的一切问题和影响因素进行系统性思考,识别出影响拟建建设工程决策的环境要素,确定拟建建设工程实施方案的环境要素,并以其作为主要考量和评价对象,进行全面而深入的环境调查。一般而言,环境调查与分析的内容主要包括建设项目周边的自然环境和条件,政策环境,宏观经济环境,市场环境,建设条件和环境(能源、基础设施等),建筑物环境(风格、主题色调等),以及建筑功能与建设标准等。

1. 自然环境和条件的调查分析

(1)自然地理。调查内容包括地理位置、地形地貌、行政区划、交通分布等,需要结合实地调查与相关规划设计资料分析完成自然地理的调查分析。

(2)气候与气象。调查内容包括所在区域的主要气候特性,年平均风速和主导风向,年平均气温、极端气温与月平均气温,年平均相对湿度,年平均降水量、降水天数、降水量极值,日照时数,主要的天气特性等。

(3)水文状况。调查内容包括该区域主要河流、水系、流域面积、水文特征、地下水资源总量及开发利用情况等。

(4)土地资源。调查内容包括土壤类型、土壤肥力、土壤背景值、土地利用情况等。

(5)植被及生物资源。调查内容包括林木植被覆盖率、植物资源、动物资源、鱼类资源等。

(6)自然灾害。调查内容包括地震、泥石流、滑坡、旱、涝、风灾、低温、疫情等。

(7)自然保护区、风景名胜区、疗养区、温泉以及重要政治文化设施等。

自然环境和条件调查取得的信息资料，重点用于分析拟建建设工程技术的可行性，自然环境和条件对拟建建设工程投资和运营成本的影响，以及拟建建设工程运营工程中资源获取的便利性等。

2. 政治与法律环境的调查分析

建设工程项目的建设周期一般都比较长，运营周期则更长，在建设与运营期间，政治与法律的变化对项目影响甚大，甚至能左右项目的成功与否。因此，当前以及未来政治与法律的状况，是建设工程项目投资人在作出投资决策时，需要重点考虑的因素。仅从拟建建设工程融资角度分析，投资那些属于国家鼓励、扶持的投资方向和项目，投资人和投资项目更容易获得金融资金的支持，享有更多政府支持与政策红利；反之，投资那些属于国家限制性投资的方向和项目，投资人从开放性金融市场获取融资的难度非常大，亦不能享受到政策的红利。

当前政策与法律环境的调查重点是现行法律法规、国家政策与行业政策，通过分析识别出对拟建工程投资、建设、运行的限制与激励条件。未来政治与法律环境的调查与分析，需从国家中长期发展规划、特定战略规划的角度，去识别、分析未来政治与法律的演进方向。一部分当前的政策，特别是延续性较强的政策，未来通过法律固定下来的可能性极高。

3. 宏观经济环境的调查分析

宏观经济环境调查的内容包括：经济增长速度，经济的协调性和稳定性，产业结构是否合理，市场体系是否健全，运行机制是否完善等。宏观经济环境因素直接决定了建设工程项目投资是否处于一个稳定的环境之下，能否实现预期的投资目标与经济收益。具体的调查指标可设定为市场的购买力水平，经济结构，国家的方针，政策和法律法规，风俗习惯，科学发展动态，气候等各种影响项目运营与市场营销的因素。

4. 市场环境的调查分析

（1）市场需求调查。市场需求调查主要包括消费者需求量调查、消费者收入调查、消费结构调查、消费者行为调查，包括消费者为什么购买、购买什么、购买数量、购买频率、购买时间、购买方式、购买习惯、购买偏好和购买后的评价等。

（2）市场供给调查。市场供给调查主要包括产品生产能力调查、产品实体调查等。具体为某一产品市场可以提供的产品数量、质量、功能、型号、品牌等，生产供应企业的情况等。

(3)市场营销因素调查。市场营销因素调查主要包括产品、价格、渠道和促销的调查。产品的调查主要有了解市场上新产品开发的情况、设计的情况、消费者使用的情况、消费者的评价、产品生命周期阶段、产品的组合情况等。产品的价格调查主要有了解消费者对价格的接受情况，对价格策略的反应等。

(4)市场竞争情况调查。市场竞争情况调查主要包括对竞争对手和竞争项目的调查分析，了解同期同类项目的产品与价格等方面的信息，识别同期同类项目的竞争手段和策略，做到知己知彼，通过调查帮助投资人确定拟建建设工程的推广与竞争策略。

5. 社会文化环境分析

社会文化环境是指在一定社会网络关系中，人们的处世态度、要求、期望、智力与教育程度、信仰与风俗习惯等。建设工程的投资与运营要了解当地的文化，尊重当地的习俗。例如，制订建设工程实施计划时必须考虑当地的节假日习惯；与地方上项目利益相关者沟通中，善于在适当的时候使用当地的文字、语言和交往方式，也往往能取得理想的效果，各方面的文化也可以逐渐融合。在建设工程建设与运营过程中，通过不同文化的交流，可以减少摩擦、增进理解、取长补短、互相促进。

(二)建设工程决策策划

决策策划最主要的任务是定义开发或者建设什么类别的工程，其效益和价值追求是什么。具体包括建设工程功能、规模和标准的确定，工程总投资和投资收益的估算，以及建设工程总进度规划的制订等。

根据具体项目的不同情况，决策策划的形式可能有所不同，有的形成一份完整的策划文件，有的可能形成一系列策划文件。一般而言，拟建建设工程项目决策策划的工作包括：

1. 项目产业策划，根据项目环境调查与分析的结论，结合项目投资人的建设意图，论证和确定拟建建设工程项目承载产业的方向、产业发展目标、产业功能和标准。

2. 项目功能策划，包括项目目标、宗旨和指导思想的明确，项目规模、组成、功能和标准的确定等。

3. 项目经济策划，包括分析项目的开发成本、建设成本和投资效益，制订融资方案、资金需求量计划、项目销售与推广方案等。

4. 项目技术策划，包括工程建设技术方案分析和论证、关键技术分析和论证、技术标准和规范的应用和制定等。

其中，项目产业策划、项目功能策划和项目经济策划是项目决策策划的主要内容。

（三）建设工程实施策划

项目实施策划最重要的任务是定义如何组织项目的实施。由于策划所处的时期不同，项目实施策划任务的重点和工作重心以及策划的深入程度与项目决策阶段的策划任务有所不同。一般而言，项目实施策划的工作包括：

1. 项目组织结构策划，包括项目的组织结构分析、任务分工以及管理职能分工、实施阶段的工作流程和管理信息化要求下的项目编码体系分析等。

2. 项目合同结构策划，包括确定方案设计竞赛的组织，确定项目管理委托的合同结构，确定设计合同结构方案、施工合同结构方案和物资采购合同结构方案，确定各种合同类型和文本的采用。

3. 项目信息流程策划，包括明确项目信息的分类与编码、项目信息流程图、制定项目信息流程制度和会议制度等。

4. 项目实施技术策划，针对实施阶段的技术方案和关键技术进行深化分析和论证，明确技术标准和规范的应用与制定。

其中，项目组织结构策划、项目合同结构策划和项目信息流程策划是项目实施策划的主要内容。

二、前期策划阶段的审批与许可

（一）建设工程审批制度

建设工程审批制度，又称为行政批准或行政许可。行政审批的实质是行政主体同意特定相对人取得某种法律资格或实施某种行为，实践中表现为许可证的发放。行政审核与行政批准经常联系起来使用,只有符合有关条件才能获得许可证,而且还需定期检验,如果没有违反规定的情况出现,就由有关机关在许可证上盖章,表示对相对人状态合法性的认可。总之,行政审批是根据法律规定的条件,由实际执法部门来审核是否符合条件的行为。建设工程前期审批,是对建设工程是否符合国民经济发展规划、地方建设计划,是否符合相关法律法规规定的建设条件进行的审查与认定。

党的十八大以来,党中央、国务院大力推进简政放权、放管结合、优化服务改革,强化落实企业投资自主权,调动社会资本积极性,释放经济活力,降低企业投资成本。2016 年 7 月 5 日,《中共中央、国务院关于深化投融资体制改革的意见》正式印发,明确提出要"改进和规范政府投资项目审批制",为我国政府投资项目审批制度改革奠定了基础。2018 年《国务院办公厅关于开展工程建设项目审批制度改革试点的通知》,以推进政府治理体系和治理能力现代化为目标,对工程建设项目审批制度进行全流程、全覆盖改革,努力构建科学、便捷、高效的工程建设项目审批和管理体系。

该通知在对全国现有的审批事项进行统一、简化与优化的基础上,首先,将工程建设项目全流程审批(包括从立项到竣工验收和公共设施接入服务)时间压减至 120 个工作日;其次,将工程建设项目审批流程主要划分为立项用地规划许可、工程建设许可、施工许可、竣工验收等四个阶段,致力于构建科学、便捷、高效的工程建设项目审批和管理体系。

(二)建设工程前期阶段审批内容

工程实践中,一般认为图 1－1 所示的工程全寿命期阶段划分,开始施工之前两个阶段均属于建设工程前期阶段,即工程项目的立项、土地、规划与设计等手续均属于工程前期需要审批的内容。基于《国务院办公厅关于开展工程建设项目审批制度改革试点的通知》中审批阶段与事项的划分,立项用地规划许可阶段主要包括项目审批核准备案、选址意见书核发、用地预审、用地规划许可等;工程建设许可阶段主要包括设计方案审查、建设工程规划许可证核发等。

1. 立项用地规划许可阶段

立项用地规划许可阶段的主要审批事项包括建设项目用地预审、建设项目选址意见、建设项目可行性研究审批、建设用地规划许可等。在以上审批事项办理过程中,可并行审批,即同时穿插审批的事项,包括固定资产投资节能审查、招标方案核准等相关内容。在此阶段负责行政审批的行政主管部门包括自然资源和规划行政主管部门,负责工程投资管理的行政主管部门,以及生态环境管理的行政主管部门等。

(1)建设项目用地预审与选址意见,一般同时进行,是指国土资源管理部门在建设项目审批、核准、备案阶段,依法对建设项目涉及的土地利用事项进行的审查。重点审查用地选址是否符合土地利用总体规划,是否符合土地管理法律、法规规定的条件,是否符合国家和省供地政策,用地选址是否合理等。用地预审是办理土地使用权的前置程序。

(2)建设项目可行性研究报告审批,是负责工程投资管理的行政主管部门,一般为发展与改革委员会(以下简称发改委)对工程项目投资必要性、技术可行性以及经济合理性所进行的审查核准。可行性研究报告是否能够获得审批、核准或者备案,直接决定了工程项目是否能够投资。

(3)建设用地规划许可,是经城乡规划行政主管部门确认建设项目位置和范围符合城乡规划的法定凭证,是建设工程用地的法律凭证。

(4)节能审查,是负责工程投资管理的行政主管部门,即发改委,对拟建工程项目的节能情况进行审查,重点审查是否符合节能有关法律法规、标准规范、政策;项目用能分析是否客观准确,方法是否科学,结论是否准确;节能措施是否合理可行;项目的能源消费量和能效水平是否满足本地区能源消耗总量和强度"双控"管理要求等。

(5)环境影响评价,是生态环境保护主管部门,对建设工程项目选址、设计、施工等过程,特别是运营和生产阶段可能带来的环境影响进行预测和分析,提出相应的防治措施,为项目选址、设计及建成投产后的环境管理提供科学依据。

2. 工程建设许可阶段

工程建设许可阶段的主要审批事项包括设计方案联合审查、建设工程规划许可证、初步设计审查与初步设计概算审查等;并行事项包括建设工程规划验线、建设工程招标备案等相关内容。除自然资源和规划行政主管部门外,还涉及工程投资行政主管部门、住房和城乡建设主管部门等。

(1)设计方案联合审查,是指权责行政主管部门共同对建设工程项目的规划设计，人防、消防、绿化、交通、海绵城市、环卫、教育等公共配套设计，以及水电气暖等市政基础设施设计所进行的联合审查。

（2）建设工程规划许可证，是建设工程符合城市规划要求的法律凭证，没有建设工程规划许可证的建筑属于违章建筑，完成了建设工程规划许可证的办理意味着当地规划行政主管部门认可此地块的项目建设，可以进行施工招标以及施工许可证的办理。

（3）初步设计审查与初步设计概算审查，为了有效控制工程投资，而对初步设计方案与初步设计概算是否全面合理所进行的审查。初步设计方案是决定项目投资的基础条件，政府投资项目的初步设计概算审查是政府财政拨款与投资计划管理的依据。

（4）建设工程规划验线，是对建设工程施工放线是否符合建设工程规划许可证要求的检验，是建设工程规划报批后管理的重要环节，重点对建筑物、构筑物与管线的位置、标高进行复核。

（5）建设工程招标备案，分政府财政资金或国有资金投资项目的招标组织与实施方式审核备案、强制招标范围之内项目进入公共资源交易中心的招标审查备案与招标结果备案。招标备案是对符合《招标投标法》与《招标投标法实施条例》规定项目招标合法性的审查。

三、前期策划的成果

基于前期策划的类别与范畴部分所述，建设工程前期策划的主要工作包括项目决策策划、可行性研究报告、项目建议书等立项报告的编制、建设单位办理建设手续、项目实施策划等。基于以上分析，建设工程前期策划的成果包括项目决策策划成果、项目建议书、可行性研究报告以及其他前期策划成果。

（一）项目决策策划成果

建设工程项目策划是指通过收集整理资料，并在掌握详细、具体的信息之后，对于建设工程项目的决策与实施所作的分析与论证；或在策划过程中发现某个特定的问题，为了实现项目建设的决策、运营和实施的增值，从而开展管理、经济、组织和技术等方面的论证与分析。

项目策划分为决策策划和实施策划两大类型。前者在项目立项之前完成，针对为什么建、建什么来进行解答；后者在项目立项之后完成，针对如何进行开发和建设来进行解答，其最终成果应落实到项目设计要求文件的编制中，作为项目设计的具体要求。

决策策划针对工程项目的决策阶段，要对拟建工程项目进行调研并且收集相关资料，分析确定项目建设的目标并且给定项目建设的范围定义，围绕项目需要作出决策的有关事项，进行管理、经济、组织与技术等方面的分析论证，为项目的决策提供依据。项目决策策划是项目实施策划的前提，它是在项目建设意图产生与项目建设立项两项工作的中间进行的，是工程项目管理的重要组成部分。

项目决策策划的依据包括：项目建设的背景、意义和目的；项目建设的初步设想；项目建设的基本要求及目标；项目客观环境的调查与分析；建设单位等组织管理的模式。项目决策策划的成果主要包括环境调查与分析报告、项目定义与论证、总投资初步估算及总进度目标规划。

(1)环境调查与分析报告

不同的工程项目，需调查的内容与决策事项存在差异。因此，不同的工程项目，其环境调查与分析报告的内容不尽相同。环境调查需遵从拟建建设工程决策的需要，基于决策所需信息界定需要调查的问题，制定调查方案，进行实地调研或数据信息收集，最后整理分析数据信息，形成环境调查与分析报告。

以商业地产项目为例，其环境调查的重点是宏观市场环境、区域市场环境、潜在客户调查与分析、消费群体调查与分析、竞争对手的调查与分析，以及未来商业预测。其是在调查数据信息的基础上，洞悉项目商业机会，对拟建建设工程进行准确的市场定位和项目价值挖掘，捕捉盈利机会；以未来界定现在，赋予项目独一无二、个性化的主题概念，与区域内同期同类项目形成卖差落点，提炼出项目核心吸引力，塑造项目耀眼的特色品质。所采用的调查方法，包括与调查对象直接接触获取信息的直接调查法，通过网络、统计年鉴等媒介获取信息的间接调查法等。

(2)项目定义与论证

项目定义主要是将项目建设的意图及初步思考，转化为一种定义明确、系统清楚、目标具体且具有明显可操作性的解决方案。项目定义是为了确定整个项目实施的总体框架,主要是为了解决两个方面的问题。第一个重点问题是如何明确工程项目的定位。项目的定位主要是用来描述一个项目的职责、建设内容、规模、构成等,即项目建设的根据和基础。项目定义的第二个重点问题,那就是如何明确项目建设宗旨。建设工程的目标管理是一个整体,它包含了质量目标、投资目标、进度目标这三个主要目标。

其中,项目定位的核心就是功能策划。功能策划就是在项目总体的构思和对项目整体定位的基础上,结合潜在最终用户的需求进行分析,对项目进行更深层次的研究,在不影响对项目的性质、项目规模以及产品开发策略等作出正确定位的必要前提下,将整个项目的功能进行细化,以满足潜在最终用户和使用者的需求,主要有以下两个方面:一是对项目的功能策划进行分析,对潜在最终用户的各种可能活动与行为进行分析,以此对应该项目的具体功能设计。二是按照功能的划分和建筑面积相适应原则,分析考虑项目功能的具体实现途径,明确各项功能的实施所需要增加的建筑面积。

(3)总投资初步估算

总投资初步估算是在项目定义和功能性策划的基础上,对整个工程所做的投资预测。项目总投资初步估算一般分以下五个步骤:

第一步,主要是根据每一个项目的组成情况对整个工程的总投资情况进行结构化分解,即通过对投资和费用组成单元的分析和编码,确定每一个项目组成单元的投资和费用构成,其中关键是不能出现漏项。

第二步,主要是根据建设工程项目的规模,准确地分析每一个项目组成单元的投资和分解项目单元所需要进行的数量,由于这个阶段尚未开始工程设计,因此,就要求估算的工程师必须具有丰富的知识和经验,并对其中的工程内容做出诸多的假设。

第三步,是依据项目的建设标准,估算各个投资和分解项目单元的单价,在此阶段尚不可以直接套用概预算的相关定额,要求估算的工程师必须拥有大量数据,具有丰富的经验和过硬的估算能力。

第四步,根据数量与单价关系来计算投资合价。每一项目单元的建设工程量和所需投资确定之后,就可以按照分解层级关系,进行逐级向上的分析汇总。每一个项目单元的投资合价,均指的是该项目单元分解后下级项目单元投资合价的汇总值之和,最终得出投资项目的总估算,并直接形成估算汇总表以及明细表。

第五步，主要是对投资估算时所做出的各种假设及其计算方式进行说明，编制出相应的投资估算说明书。

项目总投资初步估算的结果，是进行项目财务分析与评价，论证项目投资可行性的直接依据，是项目决策的重要依据之一。一旦项目完成决策进入实施过程，总投资估算值即作为投资目标与投资风险控制的一个重要基础。

(4)总进度目标规划

项目总进度目标规划是对项目实施进度的总体部署安排。在决策阶段，尚未开展建设工程的图纸设计，项目基础资料较少，总进度目标规划的主要依据为项目定义，根据项目定义明确的项目构思，分析项目实施的主要任务，评估各项任务的工作量，进而对其先后顺序进行合理安排，编制总进度目标规划。

(二)项目建议书

1.项目建议书的作用

项目建议书，又称立项申请书，其主要内容是对拟建项目的长期整体发展情况进行规划设想，根据国民经济和社会持续发展的长期战略规划、产业规划和区域规划以及相关国家和省区产业发展政策，经过大量的调查统计、市场预测和运用相关科学技术分析，着重从客观上对一个项目长期建设的必要性问题作出总体分析，并初步进行评估和判断该项目长期建设成功的可能性。项目建议书是对项目发展周期的初始阶段基本情况的汇总，是项目拟建主体，即投资人上报项目审批部门选择项目和审批决策、编制可行性研究报告的依据。

2.项目建议书的内容

项目建议书主要包括以下内容：关于建设项目的基本概况；立项研究结论；主要内容是有关技术、经济指标的分析汇总；关于项目的主要发起背景及其关于建设的必要性；项目的市场前景分析和产业发展预测；建设的项目规模与主要产品开发方案；项目技术开发计划、设施设计方案和项目工程管理计划；项目投资的估算和对项目资金的筹措；经济效益预估评价结果分析；研究得出的具体结论。

项目建议书就是针对拟建项目提出的一个框架式的总体构思。项目建议书的深度要求包括：

(1)确定建设的依据和必要性。说明拟建项目的地点、背景、与该项目相关的长远计划或者行业情况、区域的规划信息,引进技术和装备的情况以及原因,工艺流程和生产环境条件的说明等。

(2)制定产品计划、拟建项目的规模及建设区域的初始构思。主要包括对产品进行市场预测,对产品方案的设想以及建造地点的论证。

(3)有关资源、运输情况和其他工程的建设条件与协作关系的初步研究。拟考虑综合利用资源提高产品供给的可行性与产品质量;主要协作环境的情况、项目拟建地点的水电及其他公共设施、地方物资的供给情况等;主要原材料、燃料、电力、协调配套、交通运输等各个方面的需求以及已经具备的能力与资源的落实状况。

(4)关于主要工艺技术方案的设想。主要工艺和生产技术的来源、鉴定及转让等情况,此外,主要是专用设备资料来源的引入理由以及拟设备生产厂商等情况。

(5)有关投资的估算及其对于资金的筹措。投资估算中应当包括工程的建设期利息及其预备费用;资金的来源。

(6)关于项目建设进度的安排。

(7)有关经济效益与社会效益的初始估算。计算项目全部投资的内部收益比例、贷款偿还期等指标以及其他必要的指标,进行对偿还能力、盈利能力的初步评价,对项目的社会效益以及对社会的影响进行初步评价。

(三)可行性研究报告

1. 可行性研究报告的作用

可行性研究报告主要是指在从事投资建设项目之前,对投资项目的发展前景各基本要素所作的有关可行性的研究分析和经验总结,基于项目建议书,通过对当前拟建项目的具体建设方案和项目建设投资条件进行分析、比较、论证,从而可以得出该项目是否值得进行投资,建设条件方案是否合理、可行的研究报告结论,为制定项目的前期投资决策、筹措项目资金和申请项目贷款、编制项目初步设计文件工作提供重要依据。

2. 可行性研究报告的内容

不同类别的建设工程项目,其所需要编制的可行性研究报告,在报告的主要内容及研究侧重点上存在差异。并且,当建设工程项目所属行业不同时,因行业发展特点不同,所编制的可行性研究报告会存在更大的差异。但通常情况下,可行性研究报告首先需要对拟建建设工程项目的必要性与可行性进行分析和论证,具体如下:

(1)建设必要性。主要是从社会、经济等角度对项目建设是否有必要所进行的分析与评估。建设必要性是发改委审批、核准项目的首要条件。

(2)技术可行性。主要从项目建设实施的技术需求角度,合理规划设计项目技术解决方案,并对其进行比较筛选和综合评价,择优选用技术方案。拟建建设工程所属行业不同,其所需要论证的技术具有很大差别。对于非工业建设工程项目,技术方案的论证深度应达到形成专业工程的技术方案,并可据此进行初步设计的技术深度。

(3)组织可行性。设计合理的项目组织机构、制定切实可行的项目实施计划、制定合适的专业技术培训计划、选择行业经验丰富的项目技术管理人员、建立良好的协调合作关系等,保证整个技术项目顺利有效执行。

(4)经济可行性。主要从项目资源配置的角度上来衡量项目的实际价值,评价项目在实现区域经济发展的目标、有效合理配置资源、创造劳动就业、增加产品供应、改善生态环境、提高人民生活等各个方面的实际效益。

(5)社会可行性。主要分析拟建建设工程项目对社会的主要影响,包括从国家政治体制、方针政策、经济组织结构、法律职业道德、宗教民族、妇女儿童及其他社会秩序稳定性等角度进行社会可行性分析。

(6)风险影响因素及预防对策。主要对项目的市场管理风险、财务风险、技术风险、法律法规风险、组织风险、经济风险及其他社会风险影响因素情况进行分析评价,制定有效规避这些风险的对策,为项目全过程的风险管理实施提供重要依据。

可行性研究的分析结论,认为项目具备建设的必要性,又满足技术与经济的可行性,接下来需要对其他项目审批所关注的事项和内容进行论证,主要包括:

(1)确定建设规模与建设内容。根据法规、政策或行业管理的相关规定,特定标准与规范的要求,结合建设用地条件及周围环境状况等,通过分析论证,确定拟建工程的建设规模和建设内容。

(2)建设场址与建设条件。场址选择是否合理直接影响整个项目的成败。通过现场地质勘察,收集水文、气象、地质等资料,分析项目建设范围内的地质、地形、水文、气候、土壤等自然条件优劣。搜集给水、排水、燃气、供暖、电力供应、电信等配套相关资料,分析配套条件的完善程度。分析论证,拟建项目所处位置,其自然条件和配套资源是否满足项目建设、工程施工,以及项目建设完成之后运营管理的需要。

(3)技术方案。技术设计需遵循国家现行有关规范和要求,以整体性为主线,坚持项目的规划设计密切联系整个地段环境,使之相互衔接、协调,并融为一体。技术方案包括规划方案、工艺方案、建筑方案、结构设计和配套工程。总体规划方案,概括规划设计构思,明确项目定位,规划空间结构。建筑方案紧紧把握总体构思,将建筑区域合理划分、突出功能。配套工程包括给水排水系统、暖通空调系统、强电设计方案、弱电设计方案等。

(4)环境与生态影响评价。可行性研究应对项目可能产生的环境影响进行综合、全面、实际、系统的评价,这种评价对项目的经济、社会、技术的可行性往往很重要。

①生态环境影响分析。分析项目施工期间建材堆放、扬尘、运输车辆频繁进出、表土裸露等对周围生态环境的影响。

②环境保护措施。为降低项目对环境的影响,根据环境保护的依据及采用标准,对于项目所产生的污染源,制定在项目建设过程和运营过程中对环境的有效保护措施。

③环境影响评价。综合分析项目建设环境影响程度,达到国家、区域或地方政府环境保护要求。

(5)节能评估。对项目的能耗进行初步计算和分析,重点需要满足国家、行业或地方政府对能耗指标的限制性规定。

(6)劳动安全条件评价。施工现场具有劳动力密集、多工种交叉、手工操作多、劳动强度大、作业环境复杂等特点,尽管现在国家对施工现场文明施工已要求多年,但是现场管理混乱,危害因素处处存在。分析项目建设中存在的火灾、触电、机械危害、噪声伤害等主要危害因素及危害程度,通过正确使用防护“三宝”(安全帽、安全带、安全网)、保证防火安全、完善用电管理、每日现场安全检查、提前培训大型机械设备操作规范、施工现场设立规范醒目的标语、设立安全急救人员等措施减少劳动人员伤害。

(7)组织管理与进度。项目采用的建设模式,应明确各建设参与方的职责。项目建设的总进度目标应该明确,主要包含项目开工、土建、安装、竣工验收、投入使用等关键节点及里程碑事件,便于进度的总体控制。

(8)项目招标方案。为保证工程建设的质量,提升投资的效益,在项目的建设过程中必须严格遵守《招标投标法》和《建筑法》等有关工程项目建设的法律法规,对工程建设项目开展招投标活动。同时根据项目的具体情况,确定招标的范围,选取招标组织形式、明确招标方式及要求。

(9)投资估算与资金筹措。项目的投资估算依据行业内相关测算规定进行编制,同时对项目建设资金的来源进行说明,确保足额资金及时到位。

(10)社会评价。社会评价包含以下内容:社会适应性分析、社会影响效果分析、社会风险及对策分析。

(四)其他前期策划成果

其他前期策划成果主要包括:节能评估报告、资金申请报告、社会稳定性风险分析报告、环境影响报告、地质灾害危险性评估报告、压覆重要矿产资源评估报告、交通影响评价报告、水土保持方案等。其他前期策划成果一般是以单项、专项报告的形式体现。

1. 节能评估报告

开展节能评估工作的目的是贯彻科学发展观,落实节约资源的基本国策,加快建设节约型社会,避免盲目建设导致的能源浪费和用能不合理现象,以能源的高效利用促进经济社会的可持续发展。

节能评估报告的主要内容包括:项目概况,项目用能情况及用能管理,项目所在地能源供应情况,国家有关法规政策和标准规范的规定与要求,合理用能评价及节能措施,结论。

2. 资金申请报告

项目申请使用贷款贴息、政府投资补助的,应当在履行核准手续后,提出资金申请报告。

资金申请报告应当包括以下内容:(1)项目单位的基本情况;(2)项目的基本情况,其中包括建设内容、在线平台生成的项目代码、建设条件落实情况、总投资及资金来源等;(3)项目列入三年滚动投资计划,并通过在线平台完成审批,包括核准、备案;(4)申请贴息资金或投资补助的政策依据以及主要理由;(5)工作方案或管理办法要求提供的其他内容。

3. 社会稳定性风险分析报告

建设工程项目投资人在组织开展重大项目的前期过程中,应当调查分析社会稳定风险,征询相关群众意见,查找风险发生的可能性,列出风险点,提出防范和解决风险的方案,提出使用相关措施后的社会稳定风险等级建议。

按照《重大固定资产投资项目社会稳定风险分析篇章编制大纲及说明(试行)》进行编制,包括以下内容:编制依据、风险调查、风险识别、风险等级、风险估计、风险防范措施、风险分析结论等。

4. 环境影响报告

根据建设工程项目对环境的影响程度,国家对建设项目的环境影响评价进行分类管理。建设单位应当按照环境影响评价分类管理目录的规定,分别组织编制环境影响报告表、环境影响报告书或者填报环境影响登记表。

以环境影响报告书为例,其需要编制的主要内容如下:

(1)建设项目基本情况。原辅材料、工程规模、工程内容、与项目有关的主要环境问题以及原有污染情况。

(2)建设项目所在区域的自然环境简况,包括地貌、地形、地质、植被、气象、气候、水文、生物多样性等;社会环境简况,包括文化、社会经济结构、文物保护、教育等。

(3)环境质量状况。建设项目所在区域的环境质量现状及主要环境问题,如地表水、地下水、环境空气、声、生态;主要环境保护目标。

(4)评价适用标准及总量控制指标。污染物排放标准、环境质量标准、总量控制指标。

(5)建设项目工程分析。简述项目施工工艺流程,结合工艺流程阐述污染物产生环节,说明污染源强估算依据。

(6)项目主要污染物的产生和预计排放情况。

(7)环境影响分析。

(8)建设项目拟采取的治理措施和预期防治效果(含生态)。

(9)结论与建议。

5. 地质灾害危险性评估报告

地质灾害危险性评估，是指在地质灾害易发区内进行工程建设和编制城市总体规划、村庄和集镇规划时，对建设工程和规划区域遇到滑坡、山体崩塌、泥石流、地裂缝、地面塌陷、地面沉降等地质灾害的可能性以及工程建设中、建设后引发地质灾害的可能性作出评估，提出预防治理的具体措施的活动。

6. 压覆重要矿产资源评估报告

建设项目压覆范围或者城镇规划区内有已查明重要矿产资源的，规划编制单位或者建设单位可按要求自行编制或委托有关机构编制《建设项目压覆重要矿产资源评估报告》，提交给国土资源行政主管部门组织专家审查。

报告的主要内容包括：项目概况；地质矿产概况；矿业权设立及矿产地情况；压覆重要矿产资源储量估算与评价；结论及建议。

7. 交通影响评价报告

建设项目交通影响评价工作应包含内容有：相关调查和资料收集；确定交通影响评价的范围与年限；分析交通需求；分析评价范围内现状、各评价年限的土地利用与交通系统；评价建设项目交通影响程度；提出对建设项目选址、建设项目评价范围内的交通系统、建设项目报审方案的改善建议；改善措施的评价；结论。

8. 水土保持方案

水土保持方案应包含内容有：编制总则；综合说明；项目区概况；项目概况；主体工程水土保持分析预评价；表土资源保护与利用；弃渣场；水土流失防治责任范围；水土流失预测；水土保持监测；水土流失防治目标及防治措施布设；水土保持投资估算和效益分析；方案实施的保障举措；结论和建议。

Chapter 03 第三章

建设工程用地

一、土地制度

土地是国家最重要的资源之一。我国《宪法》第 10 条对我国的土地管理法律制度作了最基本的规定:“城市的土地属于国家所有。农村和城市郊区的土地,除由法律规定属于国家所有的以外,属于集体所有;宅基地和自留地、自留山,也属于集体所有。国家为了公共利益的需要,可以依照法律规定对土地实行征收或者征用并给予补偿。任何组织或者个人不得侵占、买卖或者以其他形式非法转让土地。土地的使用权可以依照法律的规定转让。一切使用土地的组织和个人必须合理地利用土地。”

我国于 1986 年制定了《土地管理法》,并于 1988 年、1998 年、2004 年和 2019 年先后进行了四次修订,指出:“为了加强土地管理,维护土地的社会主义公有制,保护、开发土地资源,合理利用土地,切实保护耕地,促进社会经济的可持续发展……”

(一)土地管理法律制度的基本原则

我国土地管理法律制度的基本原则主要体现在以下七个方面。

1. 土地的社会主义公有制原则

城市市区的土地属于国家所有。农村和城市郊区的土地,除由法律规定属于国家所有的以外，属于农民集体所有；宅基地和自留地、自留山，属于农民集体所有。

2. 土地所有权和使用权可分离原则

国有土地和农民集体所有的土地，可以依法确定给单位或者个人使用。使用土地的单位和个人，有保护、管理和合理利用土地的义务。

3. 登记原则

国家依法实行土地登记发证制度。依法登记的土地所有权和土地使用权受法律保护，任何单位和个人不得侵犯。土地登记内容和土地权属证书式样由国务院土地行政主管部门统一规定。土地登记资料可依据《不动产登记资料查询暂行办法》到地方人民政府的自然资源主管部门公开查询。

4. 国有土地有偿使用原则

国家依法实行国有土地有偿使用制度。但是，国家在法律规定的范围内划拨国有土地使用权的除外。

5. 土地使用权可以依法转让原则

任何单位和个人不得侵占、买卖或者以其他形式非法转让土地。土地使用权可以依法转让。

6. 土地用途管理原则

国家编制土地利用总体规划，规定土地用途，将土地分为农用地、建设用地和未利用地。严格限制农用地转为建设用地，控制建设用地总量，对耕地实行特殊保护。

7. 土地的征收或征用给予补偿原则

国家为了公共利益的需要，可以依法对土地实行征收或者征用并给予补偿。

（二）土地分类

按照权属分类，土地分国有土地和集体土地。

国有土地，指全民所有的土地；集体土地，指农村集体所有的土地。城市市区的土地属于国家所有。农村和城市郊区的土地，除由法律规定属于国家所有的以外，属于农民集体所有；宅基地和自留地、自留山，属于农民集体所有。

《土地管理法》中土地用途分类，可分为农用地、建设用地和未利用地。农用地是指直接用于农业生产的土地,包括耕地、林地、草地、农田水利用地、养殖水面等;建设用地是指建造建筑物、构筑物的土地,包括城乡住宅和公共设施用地、工矿用地、交通水利设施用地、旅游用地、军事设施用地等;未利用地是指农用地和建设用地以外的土地,主要包括荒草地、盐碱地、沼泽地、沙地、裸土地、裸岩等。

农民集体所有和国家所有依法由农民集体使用的耕地、林地、草地,以及其他依法用于农业的土地,采取农村集体经济组织内部的家庭承包方式承包,不宜采取家庭承包方式的荒山、荒沟、荒丘、荒滩等,可以采取招标、拍卖、公开协商等方式承包,从事种植业、林业、畜牧业、渔业生产。家庭承包耕地的承包期为 30 年,草地的承包期为 30 年至 50 年,林地的承包期为 30 年至 70 年;耕地承包期届满后再延长 30 年,草地、林地承包期届满后依法相应延长。

建设占用土地,涉及农用地转为建设用地的,应当办理农用地转用审批手续。永久基本农田转为建设用地的,由国务院批准。永久基本农田以外的农用地转为建设用地的,由国务院或者国务院授权的省、自治区、直辖市人民政府批准。

在我国国家标准《土地利用现状分类》(GB/T 21010—2017)中,把土地类型分为 12 个一级类,73 个二级类。一级类主要包括耕地、园地、林地、草地、商服用地、工矿仓储用地、住宅用地、公共管理和公共服务用地、特殊用地、交通运输用地、水域及水利设施用地、其他土地。

按照土地开发程度又可以分为:①生地:是指不具有城市基础设施的土地,如农地、荒地。②毛地:是指具有一定的城市基础设施,有地上物(如老旧房屋、围墙、电线杆、树木等)需要拆除或迁移但尚未拆除或迁移的土地。③熟地:是指具有较完善的城市基础设施且场地平整,可以直接在其上进行房屋建设的土地。按照基础设施完备程度和场地平整程度,熟地又可分为“三通一平”“五通一平”“七通一平”等的土地。“三通一平”一般是指通路、通水、通电以及场地平整;“五通一平”一般是指具备道路、给水、排水、电力、通信等基础设施条件以及场地平整;“七通一平”一般是指具备道路、给水、排水、电力、通信、燃气、供地等基础设施条件以及场地平整。

(三)建设用地

我国人多地少,耕地资源稀缺,当前又正处于工业化、城镇化快速发展时期,建设用地供需矛盾十分突出。因此要切实保护耕地,大力促进节约集约用地。

国家相关部委也发布了节约集约利用土地的相关规定,如《土地管理法》《国务院关于促进节约集约用地的通知》《节约集约利用土地规定》。这些法律法规的要求主要有:

(1)根据节约集约利用的要求,审查调整各类相关规划和用地标准。土地利用总体规划统领,各类与土地利用相关的规划要与土地利用总体规划相衔接,所确定的建设用地规模必须符合土地利用总体规划的安排,年度用地安排也必须控制在土地利用年度计划之内。切实加强重大基础设施和基础产业的科学规划。要按照合理布局、经济可行、控制时序的原则,统筹协调各类交通、能源、水利等基础设施和基础产业建设规划,避免盲目投资、过度超前和低水平重复建设浪费土地资源。从严控制城市用地规模,增强城市综合承载能力,严禁规划建设脱离实际需要的宽马路、大广场和绿化带。严格土地使用标准,要采取先进节地技术、降低路基高度、提高桥隧比例等措施,降低公路、铁路等基础设施工程用地和取弃土用地标准。建设项目设计、施工和建设用地审批必须严格执行用地标准。

(2)充分利用现有建设用地,大力提高建设用地利用效率。各项建设要优先开发利用空闲、废弃、闲置和低效利用的土地,努力提高建设用地利用效率。

(3)闲置土地要进行处置。土地闲置满两年、依法应当无偿收回的;土地闲置满一年不满两年的,按出让或划拨土地价款的20%征收土地闲置费。对闲置土地特别是闲置房地产用地要征缴增值地价。

(4)引导使用未利用地和废弃地。引导和鼓励将适宜建设的未利用地开发成建设用地。积极复垦利用废弃地,对因单位撤销、迁移等原因停止使用,以及经核准报废的公路、铁路、机场、矿场等使用的原划拨土地,应依法及时收回,重新安排使用;除可以继续划拨使用的以外,经依法批准由原土地使用者自行开发的,按市场价补缴土地价款。同时,要严格落实被损毁土地的复垦责任,在批准建设用地或发放采矿权许可证时,责任单位应依法及时足额缴纳土地复垦费。

(5)鼓励开发利用地上地下空间。对现有工业用地,在符合规划、不改变用途的前提下,提高土地利用率和增加容积率的,不再增收土地价款;对于新增工业用地,要进一步提高工业用地控制指标,厂房建筑面积高于容积率控制指标的部分,不再增收土地价款。

(6)鼓励开发区提高土地利用效率。对符合“布局集中、产业集聚、用地集约”要求的国家级开发区,优先安排建设用地指标。

(7)深入推进土地有偿使用制度改革。今后除军事、社会保障性住房和特殊用地等可以继续以划拨方式取得土地外,对国家机关办公和交通、能源、水利等基础设施(产业)、城市基础设施以及各类社会事业用地要积极探索实行有偿使用。

(8)完善建设用地储备制度。储备建设用地必须符合规划、计划,并将现有未利用的建设用地优先纳入储备。防止形成新的闲置土地。土地前期开发要引入市场机制,按照有关规定,通过公开招标方式选择实施单位。

(9)合理确定出让土地的宗地规模。土地出让前要制订控制性详细规划和土地供应方案,明确容积率、绿地率和建筑密度等规划条件。规划条件一经确定,不得擅自调整。合理确定出让土地的宗地规模,督促及时开发利用,形成有效供给,确保节约集约利用每宗土地。未按合同约定缴清全部土地价款的,不得发放土地证书,也不得按土地价款缴纳比例分割发放土地证书。

(10)严格落实工业和经营性用地招标、拍卖、挂牌、出让制度。工业用地和商业、旅游、娱乐、商品住宅等经营性用地(包括配套的办公、科研、培训等用地)以及同一宗土地有两个以上意向用地者的,都必须实行招标、拍卖、挂牌等方式公开出让。工业和经营性用地出让必须以招标、拍卖、挂牌方式确定土地使用者和土地价格。严禁用地者与农村集体经济组织或个人签订协议圈占土地,通过补办用地手续规避招标、拍卖、挂牌、出让。

(11)强化用地合同管理。土地出让合同和划拨决定书要严格约定建设项目投资额、开竣工时间、规划条件、价款、违约责任等内容。对非经营性用地改变为经营性用地的,应当约定或明确政府可以收回土地使用权,重新依法出让。

(12)优化住宅用地结构。合理安排住宅用地,继续停止别墅类房地产开发项目的土地供应。供应住宅用地要将最低容积率限制、单位土地面积的住房建设套数和住宅建设套型等规划条件写入土地出让合同或划拨决定书。

(13)高度重视农村集体建设用地的规划管理。利用农民集体所有土地进行非农建设,必须符合规划,纳入年度计划,并依法审批。严格禁止擅自将农用地转为建设用地,严格禁止"以租代征"将农用地转为非农业用地。

(14)鼓励提高农村建设用地的利用效率。农民住宅建设要符合镇规划、乡规划和村庄规划,住宅建设用地要先行安排利用村内空闲地、闲置宅基地。对村民自愿腾退宅基地或符合宅基地申请条件购买空闲住宅的,当地政府可给予奖励或补助。

(15)严格执行农村"一户一宅"政策。各地要结合本地实际完善人均住宅面积等相关标准,控制农民超用地标准建房,逐步清理历史遗留的"一户多宅"问题,坚决防止产生超面积占用宅基地和新的"一户多宅"现象。

(四)限制用地和禁止用地

为了贯彻落实《中共中央、国务院关于加快推进生态文明建设的意见》、《国务院关于发布实施〈促进产业结构调整暂行规定〉的决定》和《国务院关于促进节约集约用地的通知》精神,防止不合理开发建设活动对生态红线、自然资源环境的破坏,自然资源部、国家发展改革委、国家林草局将部分建设项目列入了限制用地和禁止用地的范围。凡列入《自然资源开发利用限制和禁止目录》的建设项目,必须符合目录规定条件,自然资源管理部门和投资管理部门方给予办理相关手续。凡列入《自然资源开发利用限制和禁止目录》的建设项目或者采用所列工艺技术、装备、规模的建设项目,自然资源管理部门和投资管理部门不得办理相关手续。凡采用《产业结构调整指导目录》明令淘汰的落后工艺技术、装备或者生产明令淘汰产品的建设项目,自然资源管理部门和投资管理部门一律不得办理相关手续。以上所述建设项目,包括新建、扩建和改建的建设项目。

1. 限制用地项目

有关建设工程项目的限制用地主要是新建办公楼项目、城市主干道项目、集会广场、住宅项目以及其他项目等,相关规定如下。

(1)党政机关新建办公楼项目

①中央直属机关、国务院各部门、省(区、市)及计划单列市党政机关新建办公楼项目,须经国务院批准。

②中央和国家机关所属机关事业单位新建办公楼项目，须经国家发改委批准；使用中央预算内投资7000万元以上的，须经国务院批准。

③省直厅（局）级单位和地、县级党政机关新建办公楼项目，须经省级人民政府批准。

④地、县级党政机关直属单位和乡镇党政机关新建办公楼项目，须经地级人民政府（行署）批准。

（2）城市主干道路项目

用地红线宽度（包括绿化带）不得超过下列标准：小城市和建制镇40米，中等城市55米，大城市70米。200万人口以上特大城市主干道路确需超过70米的，城市总体规划中应有专项说明。

（3）城市游憩集会广场项目

用地面积不得超过下列标准：小城市和建制镇1公顷，中等城市2公顷，大城市3公顷，200万人口以上特大城市5公顷。

（4）住宅项目

①宗地出让面积不得超过下列标准：小城市和建制镇7公顷，中等城市14公顷，大城市20公顷。

②容积率不得低于以下标准：1.0（含1.0）。

（5）其他项目

下列项目禁止占用耕地，亦不得通过先行办理城市分批次农用地转用等形式变相占用耕地：

①机动车交易市场、家具城、建材城等大型商业设施项目；

②大型游乐设施、主题公园（影视城）、仿古城项目；

③大套型住宅项目（指单套住房建筑面积超过144平方米的住宅项目）；

④赛车场项目；

⑤公墓项目；

⑥机动车训练场项目。

2. 禁止用地项目

禁止用地目录中分为农林业、煤炭、电力等17类禁止用地项目，其中包括：

（1）别墅类房地产开发项目；

（2）高尔夫球场项目；

(3)赛马场项目;

(4)党政机关(含国有企事业单位)新建、改扩建培训中心(基地)和各类具有住宿、会议、餐饮等接待功能的设施或场所建设项目。

(五)建设用地控制标准

为进一步规范建设用地管理,提高节约集约用地水平,各地方政府均出台了相关的建设用地控制标准。如山东省出台了《山东省建设用地控制标准》(2019 年版),其中包括区域宏观规划控制指标、建设项目用地指标两大部分。

1. 区域宏观规划控制指标

共有五部分内容:一是城市建设用地控制指标,包括人均城市建设用地和人均单项城市建设用地两类指标;二是建制镇建设用地控制指标,包括人均建设用地和建制镇单项用地比例两类指标;三是道路用地控制指标,包括城市道路和镇村道路两类指标;四是城市广场用地控制指标;五是开发区用地控制指标,包括开发区投资强度,工业仓储用地比例、道路与交通设施用地比例、绿地与广场用地比例等,并将省级开发区按照地域差别划分三类,分别规定了用地控制标准。

2. 建设项目用地指标

共有四部分内容:一是工业用地指标,由基本规定和定额指标两部分组成,包括 33 个行业大类,基本规定对农副食品加工业等 29 个工业制造业和废弃资源综合利用业的投资强度、容积率、亩均产值、亩均税收、建筑系数、行政办公及生活服务设施用地所占比重、绿地率 7 项指标分别作了规定;定额指标按照生产规模级别,对工业行业 28 大类、89 中类、136 小类工业行业的建设项目用地规模标准进行了规定。二是农村居民点与城市住宅建设用地指标,包括村庄居民点、农村新型社区和城市住宅三个方面,其中村庄居民点用地控制指标包括人均建设用地面积、户均宅基地面积和容积率 3 项指标;农村新型社区控制指标包括人均建设用地面积、人均住宅用地面积、住宅建筑面积净密度 3 项指标;城市住宅控制指标包括规划建设用地容积率和住宅建筑面积净密度 2 项指标。三是基础设施项目建设用地指标,对交通基础设施和其他市政基础设施的用地指标进行了规定。其中交通基础设施包括民用机场、港口、铁路等 6 类设施;其他市政基础设施包括电力、通信、给水等10类设施。四是公共服务设施项目建设用地指标,包括商业服务业设施建设用地、教育系统建设用地、卫生系统建设用地等20类建设项目的67项小类用地。

主要内容包括:

(1)山东省区域规划建设用地控制指标

该控制指标分为“规划人均城市建设用地”和“规划人均单项城市建设用地”两项指标。新建城市的规划人均城市建设用地指标应在85.1~105.0平方米/人内确定,市、县(市)人均新增建设用地标准分别不超过100平方米与110平方米,风景城市人均建设用地指标不超过15平方米。其中人均单项城市建设用地指标分为:规划人均居住用地指标28.0~38.0平方米/人,规划人均公共管理与公共服务用地面积不应小于5.5平方米/人,规划人均交通设施用地面积不应小于12.0平方米/人,规划人均绿地面积不应小于10.0平方米/人,其中人均公园绿地面积不应小于8.0平方米/人。

(2)山东省建制镇建设用地控制指标

建设用地应包括居住用地、公共设施用地、生产设施用地、仓储用地、对外交通用地、道路广场用地、工程设施用地和绿地。镇人均新增建设用地标准不超过120平方米/人;镇区规划中的居住、公共设施、道路广场以及绿地中的公共绿地4类用地占建设用地的比例,中心镇镇区为64%~84%,一般镇为65%~85%。

(3)山东省道路用地控制指标

主要从道路宽度、道路网密度两项指标进行控制。特大城市与大城市的快速路、主干路的道路网密度(千米/平方千米)分别为0.4~0.5、0.8~1.2。道路宽度分别为40~50米。其他城市的道路用地控制指标亦分别有所规定。

(4)山东省城市广场用地控制指标

城市广场是指由建筑物、道路、绿化、水体等物体所围合而成的,具有一定规模的城市开敞空间,是人们社会生活的中心和体现城市景观风貌的重要场所,广场应有较为集中的铺装场地面积,铺装场地面积的比例应在30%~60%,人可进入活动的面积应占40%~70%,并且广场必须有明确的边界范围和空间围合,如表3-1所示。

表3－1　山东省城市广场用地规划控制指标

<table>
<tr><td rowspan="2">城市规模
（万人）</td><td rowspan="2">广场用地总量
控制指标
（平方米/人）</td><td colspan="3">单个广场用地面积（万平方米）</td></tr>
<tr><td>中心广场</td><td>区级广场</td><td>社区广场</td></tr>
<tr><td>10～20</td><td rowspan="4">0.2～0.5</td><td>3</td><td>—</td><td>1～2</td></tr>
<tr><td>20～50</td><td>5</td><td>2～3</td><td>1～2</td></tr>
<tr><td>50～100</td><td>8</td><td>2～5</td><td>1～2</td></tr>
<tr><td>≥100</td><td>10</td><td>2～5</td><td>1～2</td></tr>
</table>

（5）山东省开发区用地控制指标

对全省国家级开发区、省级开发区整体的规划建设进行控制的基本指标，如表3－2所示。

表3－2　山东省开发区用地控制指标

<table>
<tr><td colspan="2" rowspan="2">开发区级别</td><td colspan="2">投资强度</td><td colspan="3">占开发区总用地面积的比例（%）</td></tr>
<tr><td>（亿元/平方千米）</td><td>（万元/亩）</td><td>工业、仓储用地</td><td>道路与交通设施用地</td><td>绿地与广场用地</td></tr>
<tr><td colspan="2">国家级</td><td>≥42</td><td>≥280</td><td rowspan="4">≥60</td><td rowspan="4">≤12</td><td rowspan="4">≤8</td></tr>
<tr><td rowspan="3">省级</td><td>青岛、烟台、威海</td><td>≥36</td><td>≥240</td></tr>
<tr><td>济南、淄博、潍坊、东营、日照、泰安、济宁</td><td>≥30</td><td>≥200</td></tr>
<tr><td>德州、滨州、聊城、菏泽、临沂、枣庄</td><td>≥24</td><td>≥160</td></tr>
</table>

（6）山东省农村居民点及城市住宅建设用地指标

农村居民点分为村庄和农村新型社区，人均建设用地面积都有相应规定。城市住宅项目建设应统一规划，统筹考虑近、远期发展并与城市建设协调发展。城市住宅项目规划建设用地容积率应不小于1.0，城市住宅项目住宅建筑面积净密度应符合表3－3规定。

表3－3　城市住宅项目住宅建筑面积净密度

单位：万平方米/公顷

城市住宅项目类别	建筑面积净密度
低层联排式（1～3层）住宅区	≥1.0
多层（4～6层）住宅区	≥1.5
小高层（7～11层）住宅区	≥1.8
高层（≥12层）住宅区	≥2.2

除此之外，还有山东省工业用地、基础设施用地控制指标。

（六）城市用地分类与规划建设用地标准

城乡用地共分为2大类、9中类、14小类；城市建设用地共分为8大类、35中类、42小类。其中城市建设用地8大类，包括居住用地、公共管理与公共服务用地、商业服务业设施用地、工业用地、物流仓储用地、道路与交通设施用地、公共设施用地、绿地与广场用地。

1.居住用地（R）

居住用地（R）是住宅和相应服务设施的用地，又分为三类用地R1、R2、R3。其中一类居住用地（R1）为设施齐全、环境良好，以低层住宅为主的用地；二类居住用地（R2）为设施齐全、环境良好，以多、中、高层住宅为主的用地；三类居住用地（R3）为设施较欠缺、环境较差，以需要加以改造的简陋住宅为主用地，包括危房、棚户区、临时住宅用地。如表3－4所示。

表3－4　居住用地分类

<table>
<tr><th colspan="2">居住用地（R）</th><th>土地用途</th></tr>
<tr><td rowspan="2">一类居住用地（R1）</td><td>住宅用地（R11）</td><td>住宅建筑用地及其附属道路、停车场、小游园等用地</td></tr>
<tr><td>服务设施用地（R12）</td><td>居住小区及小区级以下的幼托、文化、体育、商业、卫生服务、养老助残设施等用地，不包括中小学用地</td></tr>
<tr><td rowspan="2">二类居住用地（R2）</td><td>住宅用地（R21）</td><td>住宅建筑用地（含保障性住宅用地）及其附属道路、停车场、小游园等用地</td></tr>
<tr><td>服务设施用地（R22）</td><td>居住小区及小区级以下的幼托、文化、体育、商业、卫生服务、养老助残设施等用地，不包括中小学用地</td></tr>
<tr><td rowspan="2">三类居住用地（R3）</td><td>住宅用地（R31）</td><td>住宅建筑用地及其附属道路、停车场、小游园等用地</td></tr>
<tr><td>服务设施用地（R32）</td><td>居住小区及小区级以下的幼托、文化、体育、商业、卫生服务、养老助残设施等用地，不包括中小学用地</td></tr>
</table>

2. 公共管理与公共服务用地(A)

公共管理与公共服务用地(A)是指行政、文化、教育、体育、卫生等机构和设施的用地,不包括居住用地中的服务设施用地,又分为9类用地:A1、A2、A3、A4、A5、A6、A7、A8、A9。其中文化设施用地(A2),是指图书、展览等公共文化活动设施用地。教育科研用地(A3),是指高等院校、中等专业学校、中学、小学、科研事业单位及其附属设施用地,包括为学校配建的独立地段的学生生活用地。体育用地(A4),是指体育场馆和体育训练基地等用地,不包括学校等机构专用的体育设施用地。医疗卫生用地(A5),是指医疗、保健、卫生、防疫、康复和急救设施等用地。公共管理与公共服务用地分类,如下表3-5所示。

表3-5　公共管理与公共服务用地分类

公共管理与公共服务用地(A)		土地用途
行政办公用地(A1)		党政机关、社会团体、事业单位等办公机构及其相关设施用地
文化设施用地(A2)	图书展览设施用地(A21)	公共图书馆、博物馆、档案馆、科技馆、纪念馆、美术馆和展览馆、会展中心等设施用地
	文化活动设施用地(A22)	综合文化活动中心、文化馆、青少年宫、儿童活动中心、老年活动中心等设施用地
教育科研用地(A3)	高等院校用地(A31)	大学、学院、专科学校、研究生院、电视大学、党校、干部学校及其附属设施用地,包括军事院校用地
	中等专业学校用地(A32)	中等专业学校、技工学校、职业学校等用地,不包括附属于普通中学内的职业高中用地
	中小学用地(A33)	中学、小学用地
	特殊教育用地(A34)	聋、哑、盲人学校及工读学校等用地
	科研用地(A35)	科研事业单位用地
体育用地(A4)	体育场馆用地(A41)	室内外体育运动用地,包括体育场馆、游泳场馆、各类球场及其附属的业余体校等用地
	体育训练用地(A42)	为体育运动专设的训练基地用地

续表

公共管理与公共服务用地(A)		土地用途
医疗卫生用地(A5)	医院用地(A51)	综合医院、专科医院、社区卫生服务中心等用地
	卫生防疫用地(A52)	卫生防疫站、专科防治所、检验中心和动物检疫站等用地
	特殊医疗用地(A53)	对环境有特殊要求的传染病、精神病等专科医院用地
	其他医疗卫生用地(A59)	急救中心、血库等用地
社会福利设施用地(A6)		为社会提供福利和慈善服务的设施及其附属设施用地,包括福利院、养老院、孤儿院等用地
文物古迹用地(A7)		具有保护价值的古遗址、古墓葬、古建筑、石窟寺、近代代表性建筑、革命纪念建筑等用地。不包括已作其他用途的文物古迹用地
外事用地(A8)		外国驻华使馆、领事馆、国际机构及其生活设施等用地
宗教设施用地(A9)		宗教活动场所用地

3. 商业服务业设施用地(B)

商业服务业设施用地(B)是指商业、商务、娱乐康体等设施用地,不包括居住用地中的服务设施用地,又分为5类用地,B1、B2、B3、B4、B9。其中商业设施用地(B1),是指各类商业经营活动及餐饮、旅馆等服务业用地。商务设施用地(B2),是指金融、保险、证券、新闻出版、文艺团体等综合性办公用地。娱乐康体设施用地(B3),是指娱乐、康体等设施用地。公共设施营业网点用地(B4),是指零售加油、加气、电信、邮政等公用设施营业网点用地。如表3-6所示。

表 3－6　商业服务业设施用地分类

商业服务业设施用地（B）		土地用途
商业设施用地（B1）	零售商业用地（B11）	以零售功能为主的商铺、商场、超市、市场等用地
	批发市场用地（B12）	以批发功能为主的市场用地
	餐饮用地（B13）	饭店、餐厅、酒吧等用地
	旅馆用地（B14）	宾馆、旅馆、招待所、服务型公寓、度假村等用地
商务设施用地（B2）	金融保险用地（B21）	银行、证券期货交易所、保险公司等用地
	艺术传媒用地（B22）	文艺团体、影视制作、广告传媒等用地
	其他商务设施用地（B29）	贸易、设计、咨询等技术服务办公用地
娱乐康体设施用地（B3）	娱乐用地（B31）	剧院、音乐厅、电影院、歌舞厅、网吧以及绿地率小于 65% 的大型游乐等设施用地
	康体用地（B32）	赛马场、高尔夫、溜冰场、跳伞场、摩托车场、射击场，以及通用航空、水上运动的陆域部分等用地
公共设施营业网点用地（B4）	加油加气站用地（B41）	零售加油、加气以及液化石油气换瓶站用地
	其他公用设施营业网点用地（B49）	独立地段的电信、邮政、供水、燃气、供电、供热等其他公用设施营业网点用地
其他服务设施用地（B9）		业余学校、民营培训机构、私人诊所、殡葬、宠物医院、汽车维修站等其他服务设施用地

4. 工业用地（M）

工业用地（M），是指工矿企业的生产车间、库房及其附属设施用地，包括专用铁路、码头和附属道路、停车场等用地，不包括露天矿用地。又分为 3 类工业用地 M1、M2、M3。如表 3－7 所示。

表3－7　工业用地分类

工业用地(M)	土地用途
一类工业用地(M1)	对居住和公共环境基本无干扰、污染和安全隐患的工业用地
二类工业用地(M2)	对居住和公共环境有一定干扰、污染和安全隐患的工业用地
三类工业用地(M3)	对居住和公共环境有严重干扰、污染和安全隐患的工业用地

5.物流仓储用地(W)

物流仓储用地(W),是指物资储备、中转、配送等用地,包括附属道路停车场以及货运公司车队的站场等用地。又分为3类物流仓储用地W1、W2、W3。如表3－8所示。

表3－8　物流仓储用地分类

物流仓储用地(W)	土地用途
一类物流仓储用地(W1)	对居住和公共环境基本无干扰、污染和安全隐患的物流仓储用地
二类物流仓储用地(W2)	对居住和公共环境有一定干扰、污染和安全隐患的物流仓储用地
三类物流仓储用地(W3)	存放易燃、易爆和剧毒等危险品的专用仓库用地

6.道路与交通设施用地(S)

道路与交通设施用地(S),是指城市道路、交通设施等用地,不包括居住用地、工业用地等内部的道路、停车场等用地。又分为5类用地,S1、S2、S3、S4、S9。其中交通场站用地(S4),是指交通服务设施用地,不包括交通指挥中心、交通队用地。如表3－9所示。

表3－9　道路与交通设施用地分类

<table>
<tr><th colspan="2">道路与交通设施用地(S)</th><th>土地用途</th></tr>
<tr><td colspan="2">城市道路用地(S1)</td><td>快速路、主干路、次干路和支路等用地,包括其交叉口用地</td></tr>
<tr><td colspan="2">城市轨道交通用地(S2)</td><td>独立地段的城市轨道交通地面以上部分的线路、站点用地</td></tr>
<tr><td colspan="2">交通枢纽用地(S3)</td><td>铁路客货运站、公路长途客货运站、港口客运码头、公交枢纽及其附属设施用地</td></tr>
<tr><td rowspan="2">交通场站用地(S4)</td><td>公共交通场站用地(S41)</td><td>城市轨道交通车辆基地及附属设施,公共汽(电)车首末站、停车场(库)、保养场,出租汽车场站设施等用地,以及轮渡、缆车、索道等的地面部分及其附属设施用地</td></tr>
<tr><td>社会停车场用地(S42)</td><td>独立地段的公共停车场和停车库用地,不包括其他各类用地配建的停车场和停车库用地</td></tr>
<tr><td colspan="2">其他交通设施用地(S9)</td><td>除以上之外的交通设施用地,包括教练场等用地</td></tr>
</table>

7. 公共设施用地(U)

公共设施用地(U),是指供应、环境、安全等设施用地。又分为4类用地,U1、U2、U3、U9。其中供应设施用地(U1),是指供水、供电、供燃气和供热等设施用地。环境设施用地(U2),是指雨水、污水、固体废物处理和环境保护等的公用设施及其附属设施用地。安全设施用地(U3),是指消防、防洪等保卫城市安全的公用设施及其附属设施用地。如表3-10所示。

表3-10　公共设施用地分类

公共设施用地(U)		土地用途
供应设施用地(U1)	供水用地(U11)	城市取水设施、自来水厂、再生水厂、加压泵站、高位水池等设施用地
	供电用地(U12)	变电站、开闭所、变配电所等设施用地,不包括电厂用地。高压走廊下规定的控制范围内的用地应按其地面实际用途归类
	供燃气用地(U13)	分输站、门站、储气站、加气母站、液化石油气储配站、灌瓶站和地面输气管廊等设施用地,不包括制气厂用地
	供热用地(U14)	集中供热锅炉房、热力站、换热站和地面输热管廊等设施用地
	通信设施用地(U15)	邮政中心局、邮政支局、邮件处理中心、电信局、移动基站、微波站等设施用地
	广播电视设施用地(U16)	广播电视的发射、传输和监测设施用地,包括无线电收信区,发信区以及广播电视发射台、转播台、差转台、监测站等设施用地
环境设施用地(U2)	排水设施用地(U21)	雨水泵站、污水泵站、污水处理、污泥处理厂等设施及其附属的构筑物用地,不包括排水河渠用地
	环卫设施用地(U22)	垃圾转运站、公厕、车辆清洗站、环卫车辆停放修理厂等设施用地
	环保设施用地(U23)	垃圾处理、危险品处理、医疗垃圾处理等设施用地
安全设施用地(U3)	消防设施用地(U31)	消防站、消防通信及指挥训练中心等设施用地
	防洪设施用地(U32)	防洪堤、防洪枢纽、排洪沟渠等设施用地
其他公共设施用地(U9)		除以上之外的公用设施用地,包括施工、养护、维修等设施用地

8. 绿地与广场用地(G)

绿地与广场用地(G),是指公园绿地、防护绿地、广场等公共开放空间用地。又分为3类用地G1、G2、G3。如表3-11所示。

表3-11　绿地与广场用地分类

绿地与广场用地(G)	土地用途
公园绿地(G1)	向公众开放,以游憩为主要功能,兼具生态、美化、防灾等作用的绿地
防护绿地(G2)	具有卫生、隔离和安全防护功能的绿地
广场用地(G3)	以游憩、纪念、集会和避险等功能为主的城市公共活动场地

二、建设用地获取

(一)认识建设用地

《不动产登记暂行条例实施细则》中指出没有房屋等建筑物、构筑物以及森林、林木定着物的土地,其权属界线封闭的空间为不动产单元。因此,土地不再仅仅是一个平面的概念,而且还是一个立体的三维空间概念,包括地面、地上空间、地下空间。因此,通过法定程序获取的建设用地使用权,包括地表、地上空间以及地下空间,如图3-1所示。

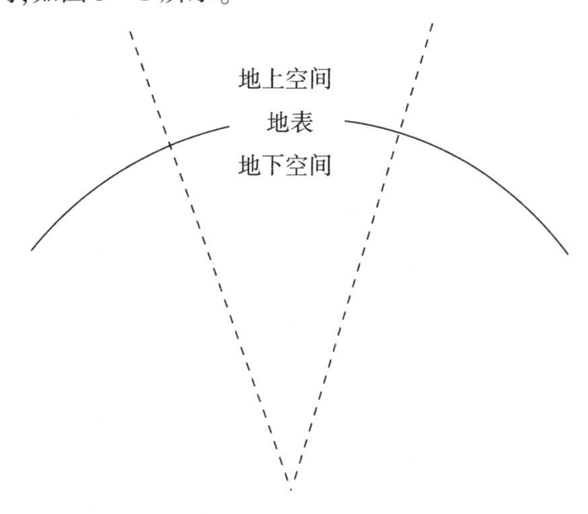

图3-1　土地的空间范围

使用建设用地前,要对建设用地有一个清晰的认识,才能充分利用该地块,使该地块发挥最大功能。认识地块一般从下面几个方面:

(1)坐落。包括所处的区域和具体地点,可从国家、地区、城市、邻里、地点5个从宏观到具体的层次来认识,不同坐落即代表不同区位,对土地价值影响很大。

(2)面积。面积不同,所建设的建筑物形状、风格、档次等也可能不一样,以及所采取的营销策略也不同。

(3)地形和地势。地块形状和地势高低不同也影响建筑物的造型与风格。

(4)四至及周围环境。四至是地块四邻,四至不同,周围环境差别大,土地价值差别也很大。

(5)利用现状。包括现状用途;土地上有无建筑物、其他附着物;如果有建筑物、其他附着物,还需要进一步了解该建筑物、其他附着物的情况。

(6)产权状况。是哪种土地类型;土地取得手续是否完备;是否抵押、典当或为他人提供担保;是否涉案;产权是否有争议;是否为临时用地;是否属于违法占地等。

(7)地质和水文状况。包括地基的承载力、地下水位的深度等,都将影响建筑方案以及相应的造价。

(8)土地开发程度。是指道路、给水、排水、电力、通信、燃气、热力等的完备程度和土地的平整程度,即通常所说的“三通一平”、“五通一平”或“七通一平”。

(二)建设用地获取方式

1. 土地收购储备

土地储备,是指县级(含)以上自然资源主管部门为调控土地市场、促进土地资源合理利用,依法取得土地,组织前期开发、储存以备供应的行为。土地收购储备,是指城市政府通过设立的专责机构,统一负责行政区域内土地整理、征收、收购、收回、置换、储备、一级开发以及土地交易等活动的一种工作制度。该制度的建立,旨在规范土地供应市场,提高政府调控土地市场和房地产市场供给数量和价格的有效性,确保政府在土地开发利用过程中的所有者权益。土地储备机构应为县级(含)以上人民政府批准成立、具有独立的法人资格、隶属于所在行政区划的自然资源主管部门、承担本行政辖区内土地储备工作的事业单位。

各个地方要结合当地社会发展规划、土地储备三年滚动计划、年度土地供应计划、地方政府债务限额等因素,合理制定年度土地储备计划。年度土地储备计划内容应包括:上年度末储备土地结转情况(含上年度末的拟收储土地及入库储备土地的地块清单);年度新增储备土地计划(含当年新增拟收储土地和新增入库储备土地规模及地块清单);年度储备土地前期开发计划(含当年前期开发地块清单);年度储备土地供应计划(含当年拟供应地块清单);年度储备土地临时管护计划;年度土地储备资金需求总量。其中,拟收储土地,是指已纳入土地储备计划或经县级(含)以上人民政府批准,目前已启动收回、收购、征收等工作,但未取得完整产权的土地;入库储备土地,是指土地储备机构已取得完整产权,纳入储备土地库管理的土地。

下列土地可以纳入储备范围:依法收回的国有土地;收购的土地;行使优先购买权取得的土地;已办理农用地转用、征收批准手续并完成征收的土地;其他依法取得的土地。

土地储备机构应组织开展对储备土地必要的前期开发,为政府供应土地提供必要保障。前期开发应按照该地块的规划,完成地块内的道路、供水、供电、供气、排水、通信、围挡等基础设施建设,并进行土地平整,满足必要的“三通一平”、“五通一平”或“七通一平”要求。而且在储备土地未供应前,土地储备机构可将储备土地或连同地上建(构)筑物,通过出租、临时使用等方式加以临时利用,临时应用期限一般不超过2年,且不能影响土地供应。

土地收购储备制度的建立和土地一级开发模式的普遍实施,推动了公开、公平和透明的土地供应市场建设,改变了传统的开发商获取土地使用权的程序,对房地产开发商或投资者获取土地使用权的价格也产生了重大影响。此外,由于政府土地收购储备中心所实施的土地一级开发工作,通常将土地开发工程发包给房地产开发商,因此也为房地产开发商参与土地开发创造了市场机会。

2. 出让、转让、划拨

建设工程用地取得方式主要有出让、转让、划拨三种。

(1)土地使用权的出让

土地使用权出让指国家将国有土地使用权在一定年限内出让给土地使用

者,由土地使用者向国家支付土地使用权出让金的行为。土地使用权出让应当签订出让合同。《城镇国有土地使用权出让和转让暂行条例》规定土地使用权出让的最高年限按用途确定为:居住用地70年;工业用地50年;教育、科技、文化、卫生、体育用地50年;商业、旅游、娱乐用地40年;综合或其他用地50年。土地使用权出让方式有:招标方式、拍卖方式、挂牌出让和协议出让。

①招标方式

市、县国土资源管理部门发布招标公告或者发出投标邀请书,邀请特定或不特定的法人、自然人和其他组织参加国有土地使用权投标,根据投标结果来确定土地使用者。

通过竞争确定中标人的方式,虽然投标者出的价位高低是决定谁能够拿到土地的一个重要因素,但也不完全是价高者中标,政府要综合考虑各方面因素,像开发企业信誉、资信情况、以往开发经验业绩、未来发展计划等。根据这些选择最恰当的开发企业,以使土地得到最充分、有效的利用。招标出让方式有利于公平竞争,比较适用于需要优化土地布局的地块,重大工程所需较大地块的出让。

②拍卖方式

由出让方发布拍卖公告,由竞买人在指定的时间、地点以公开叫价方式来竞争,根据出价结果来确定土地使用者,一般都为“价高者得”。竞投成功的开发企业,在缴纳定金之后,与土地管理部门签订出让合同,在按规定缴足土地使用权出让金,取得用地规划许可证之后,就可以办理土地使用证了。拍卖方式也有利于公平竞争,比较适用于区位条件好、交通便利的闹市区土地,在土地的利用上有较大灵活性。

③挂牌出让

在挂牌公告规定的挂牌起始日,出让人将挂牌宗地的面积、界址、空间范围、现状、用途、使用年期、规划指标要求、开工时间和竣工时间、起始价、增价规则及增价幅度等,在挂牌公告规定的土地交易场所挂牌公布,符合条件的竞买人填写报价单报价;挂牌期限届满,挂牌价格最高者得到土地使用权。

④协议出让

协议出让最低价不得低于新增建设用地的土地有偿使用费、征地(拆迁)补偿费用以及按照国家规定应当缴纳的有关税费之和;有基准地价的地区,协议出让最低价不得低于出让地块所在级别基准地价的70%。低于最低价时国有土地使用权不得出让。

在公布的地段上，同一地块只有一个意向用地者的，市、县人民政府国土资源行政主管部门方可按照本规定采取协议方式出让。工业、商业、旅游、娱乐和商品住宅等经营性用地以及同一宗地有两个及两个以上意向用地者的，市、县人民政府国土资源行政主管部门应当按照《招标拍卖挂牌出让国有土地使用权规范(试行)》，采取招标、拍卖或者挂牌方式出让。

(2)土地使用权转让

国家按照所有权与使用权分离的原则，实行城镇国有土地使用权出让、转让制度，但地下资源、埋藏物和市政公用设施除外。土地使用权的转让指土地使用者，通过合法方式将土地使用权再转移的行为。土地使用权转让是土地使用者和土地使用者之间的交易，属于土地的二级市场。要建立完善的土地市场体系，就需要一级市场和二级市场的融合。这样才能使土地的使用权真正成为商品进行流通。

①以出让方式取得土地使用权的转让

以出让方式取得土地使用权，转让房地产时，应符合以下两个条件：按合同约定已支付全部出让金，并取得土地使用权证。按出让合同约定进行投资开发，完成一定规模后允许转让，具体有两种情况：属于房屋建设的，实际投入房屋建设的工程资金额占全部开发投资总额的25%以上；属于成片开发土地的，形成工业用地或者其他建设用地条件。

②以划拨方式获得土地使用权的转让

以划拨方式获得土地使用权的转让应按照国务院规定，报有批准权的人民政府审批。具体分两种情况：准予转让的，应当由受让方办理土地使用权出让手续，并依照国家规定缴纳土地使用权出让金；也可以不办理土地使用权出让手续，转让方按照国务院规定将转让房地产所获收益中土地收益上缴国家或做其他处理。

③土地使用权转让的方式

土地使用权转让主要有出售、交换和赠与三种方式。未按土地使用权出让合同规定的期限和条件投资开发、利用土地的，土地使用权不得转让。土地使用权转让应当签订转让合同。土地使用者通过转让方式取得的土地使用权，其使用年限为土地使用权出让合同规定的使用年限减去原土地使用者已使用年限后的剩余年限。土地使用权转让时,其地上建筑物、其他附着物所有权随之转让。地上建筑物、其他附着物的所有人或者共有人,享有该建筑物、附着物使用范围内的土地使用权。土地使用者转让地上建筑物、其他附着物所有权时,其使用范围内的土地使用权随之转让,但地上建筑物、其他附着物作为动产转让的除外。土地使用权转让价格明显低于市场价格的,市、县人民政府有优先购买权。土地使用权转让的市场价格不合理上涨时,市、县人民政府可以采取必要的措施。

出售,是指土地使用者将余期土地使用权转移给其他土地使用者。土地使用权出售后,出让合同中的一切权利义务全部转给新的土地使用者。一般买卖行为涉及所有权的转移,而土地使用权的出售只转移使用权,所有权仍属国家。

交换,是指双方当事人约定互相转移余期土地使用权,或者一方转移土地使用权而另一方转移金钱等其他标的物。土地使用权交换后,双方同土地管理部门因“出让”而产生的权利义务关系也同时转移。

赠与,是指赠与人自愿无偿地将余期土地使用权转移受赠人。土地使用权赠与后,赠与人与土地管理部门之间因出让而产生的权利义务关系也随之转移给受赠人。

在实际经济生活中,还有其他转让方式,如土地使用权继承、作价入股、企业兼并合并等。

(3)土地划拨

国有土地使用权划拨,即以划拨方式取得国有土地使用权,是指经县级以上人民政府依法批准后,在土地使用权者依法缴纳了土地补偿费、安置补偿费及其他费用后,国家将土地交付给土地使用者使用,或者国家将土地使用权无偿交付给土地使用者使用的行为。

由于划拨土地使用权是国家给予的一种特殊优惠政策,因此《土地管理法》第54条对可以采取划拨方式使用土地的范围作出了相应规定,主要包括:①国家机关用地和军事用地;②城市基础设施用地和公益事业用地;③国家重点扶持的能源、交通、水利等基础设施用地;④法律、行政法规规定的其他用地。目前,根据节约集约利用土地的需要,正在开展扩大国有土地有偿使用范围,限制划拨用地范围的改革。《国务院关于促进节约集约用地的通知》提出,严格限定划拨用地范围，及时调整划拨用地目录。今后除军事、社会保障性住房和特殊用地等可以继续以划拨方式取得土地外，对国家机关办公和交通、能源、水利等基础设施（产业）、城市基础设施以及各类社会事业用地要积极探索实行有偿使用，对其中的经营性用地先行实行有偿使用。《节约集约利用土地规定》规定，国家扩大国有土地有偿使用范围，减少非公益性用地划拨。除军事、保障性住房、涉及国家安全和公共秩序的特殊用地可以以划拨方式供应外，国家机关办公和交通、能源、水利等基础设施（产业）、城市基础设施以及各类社会事业用地中的经营性用地，实行有偿使用。

划拨土地使用权具有以下特点：①划拨土地使用权没有期限的规定。②划拨土地使用权不得转让、出租、抵押。符合下列条件的，经市、县人民政府土地管理部门和房产管理部门批准，其划拨土地使用权和地上建筑物、其他附着物所有权可以转让、出租、抵押：土地使用者为公司、企业、其他经济组织和个人；领有国有土地使用证；具有地上建筑物、其他附着物合法的产权证明；向当地市、县人民政府补交土地使用权出让金或者以转让、出租、抵押所获收益抵交土地使用权出让金。③取得划拨土地使用权，只需缴纳国家取得土地的成本和国家规定的税费，不需缴土地有偿使用费。无偿取得划拨土地使用权的土地使用者，因迁移、解散、撤销、破产或者其他原因而停止使用土地的，市、县人民政府应当无偿收回其划拨土地使用权。

另外，土地使用权可以出租和抵押。土地使用权出租是指土地使用者作为出租人将土地使用权随同地上建筑物、其他附着物租赁给承租人使用，由承租人向出租人支付租金的行为。未按土地使用权出让合同规定的期限和条件投资开发、利用土地的，土地使用权不得出租。土地使用权可以抵押。土地使用权抵押时，其地上建筑物、其他附着物随之抵押。地上建筑物、其他附着物抵押时，其使用范围内的土地使用权随之抵押。

三、建设用地规划

出让城市国有土地使用权，出让前应当制定控制性详细规划。出让的地块，必须具有城市规划行政主管部门提出的规划设计条件及附图。规划设计条件通常包括：地块面积、土地使用性质、容积率、建筑密度、建筑高度、停车位数量、主要出入口、绿地比例、须配置的公共设施和工程设施、建筑界限、开发期限及其他要求。附图包括：地块区位和现状、坐标、标高，道路红线坐标、标高，出入口位置，建筑界限以及地块周围地区环境与基础设施条件；线要素控制图，包括地块范围控制线（紫线）、道路控制线（红线）、绿化控制线（绿线）、水体控制线（蓝线）和允许建筑建造线（黄线）。

《规划设计条件通知书》及其附图或《审定设计方案通知书》及其附图，是城市国有土地使用权出让合同的重要附件，不得随意变更。确需变更的，必须经城市规划行政主管部门批准。土地使用权受让方在办理《建设用地规划许可证》时，必须持有附具城市规划行政主管部门提供的规划设计条件及附图的土地使用权出让合同，取得《建设用地规划许可证》后，方可办理土地使用权证明。

建设用地规划相关指标主要有容积率、建筑密度等，在国有土地使用权出让合同中需要作出明确规定。

（一）土地面积

土地面积，通常采用平方米（m^2）作为计量单位，面积较大的土地，亦可采用公顷（hm^2）作为计量单位。取得的建设用地通常有规划总用地面积和建设用地面积之分。规划总用地面积通常包括建设用地面积以及代征道路用地面积、代征绿化用地面积等代征地面积。

（二）单位用地面积

单位用地面积，是主要产品单位产量或项目单位建设规模的用地面积。

计算公式为：单位用地面积＝项目总用地面积÷项目设计生产规模或项目设计建设规模。其中项目总用地面积不包括代征土地面积。

（三）投资强度

投资强度是指项目用地范围内单位面积固定资产投资额。

计算公式为：投资强度＝项目固定资产总投资÷项目总用地面积。其中：项目固定资产总投资包括厂房、设备和地价款。

建设用地，特别是工业用地，地方人民政府规定了土地的投资强度，只有达到了土地投资强度，才会得到许可。例如，山东省把工业项目分为6类，每类都具有不同的投资强度要求,例如,汽车制造业一类用地投资强度至少是330万元/亩,石油煤炭及其他燃料加工业六类用地投资强度至少是180万元/亩。

(四)容积率

容积率是指项目用地范围内总建筑面积与项目总用地面积的比值。

计算公式为:容积率=总建筑面积÷总用地面积。建筑物层高超过8米的在计算容积率时该层建筑面积加倍计算。

容积率分为地上容积率和地下容积率。地上容积率=地上建筑面积÷总用地面积;地下容积率=地下面积÷总建筑面积。一般不指明地上地下的容积率指的是地上容积率。

以出让方式提供国有土地使用权的,在国有土地使用权出让前,城市、县人民政府城乡规划主管部门应当依据控制性详细规划,提出容积率等规划条件,作为国有土地使用权出让合同的组成部分。以划拨方式提供国有土地使用权的建设项目,建设单位应当向城市、县人民政府城乡规划主管部门提出建设用地规划许可申请,由城市、县人民政府城乡规划主管部门依据控制性详细规划核定建设用地容积率等控制性指标,核发建设用地规划许可证。地方人民政府对于不同类型项目建设规定的用地容积率也不同,例如,山东省人民政府规定汽车制造业用地容积率至少大于1.0,而金属制品业容积率至少大于0.8。

任何单位和个人都应当遵守经依法批准的控制性详细规划确定的容积率指标,不得随意调整。

国有土地使用权一经出让或划拨,任何建设单位或个人都不得擅自更改确定的容积率。符合下列情形之一的,方可进行调整:

(1)因城乡规划修改造成地块开发条件变化的;

(2)因城乡基础设施、公共服务设施和公共安全设施建设需要导致已出让或划拨地块的大小及相关建设条件发生变化的;

(3)国家和省、自治区、直辖市的有关政策发生变化的;

(4)法律、法规规定的其他条件。

对于分期开发的建设项目,各期建设工程规划许可确定的建筑面积的总和,应该符合规划条件、建设用地规划许可证确定的容积率要求。未经核实或经核实不符合容积率要求的,建设单位不得组织竣工验收。

(五)行政办公以及生活服务设施用地所占比重

行政办公以及生活服务设置用地所占比重,是指项目用地范围内行政办公、生活服务设施占用土地面积(或分摊土地面积)占总用地面积的比例。

计算公式为:行政办公以及生活服务设施用地所占比重 = 行政办公、生活服务设施占用土地面积 ÷ 项目总用地面积。

当无法单独计算行政办公和生活服务设施占用土地面积时,可以采用行政办公和生活服务设施建筑面积占总建筑面积的比重计算得出的分摊土地面积代替。

(六)建筑系数

建筑系数是指工业建设项目用地范围内各种建筑物、用于生产和直接为生产服务的构筑物占地面积总和占总用地面积的比例。

计算公式为:建筑系数 = (建筑物占地面积 + 构筑物占地面积 + 堆场用地面积) ÷ 项目总用地面积。

例如,山东省规定,工业项目建设用地的建筑系数应不低于40%。

(七)建筑密度

建筑密度,是建设用地范围内各类建筑基底面积占总用地面积的比例,即建筑覆盖率。

(八)绿地率

绿地率是指规划建设用地范围内的绿地面积与规划建设用地面积之比。

计算公式为:绿地率 = 规划建设用地范围内的绿地面积 ÷ 项目总用地面积 × 100%。

其中,项目总用地面积不包括代征土地面积。绿地率所指绿地面积主要包括厂区内公共绿地、建(构)筑物周边绿地等。

山东省规定工业企业内部一般不得安排绿地,但因生产工艺等特殊要求需要安排一定比例绿地的,绿地率不得超过15%。例如,某地块规划条件上占地面积113,030.64m^2,地上容积率1.0~1.4,地下容积率不大于1.0,建筑密度不大于30%,绿地率不小于30%。某开发公司通过土地出让取得了该地块的土地使用权。开发的项目如下:地上建设多层及小高层(6～11层)商品房住宅24栋,结合小区的规划,同时设计有6栋层数为1～3层配套公建(包含社区服务站、文化活动站、社区卫生服务站、居民活动室、社区老年人日间照料中心、配套商业、物业管理用房、室内副食品市场、再生资源回收点、生活垃圾收集站、换热站),其中一栋三层配套公建为综合服务楼,内部布置厕所/服务站/文化活动站/配套商业/卫生服务站/老年人日间照料中心/物业管理用房。地下一层,层高3.7米,主要为车库、储藏室及辅助用房等。总投资12亿元。地上建筑面积146,496.69平方米,其中住宅建筑面积141,826.20平方米,配套商业571.97平方米,配套公建3497.47平方米,门卫57.81平方米,其他面积543.24平方米。地下建筑面积为52,303.60平方米,其中地下停车库34,881.96平方米,辅助用房1898.80平方米(包括消防泵房及水池、生活给水泵房、弱电机房中水站、开关站/开闭所、变配电室),地下储藏室建筑面积15,522.84平方米。

经计算,建筑基底面积为19,735.15平方米;可规划总用地面积113,030.64平方米(约169.55亩);总建筑面积146,496.69+52,303.60=198,800.29平方米;投资强度=120,000/169.55≈708万元/亩;地上容积率=146,496.69/113,030.64≈1.3;地下容积率=52,303.60/113,030.64≈0.46;建筑密度=19,735.15/113,030.64=17.46%;绿地率30%,共建设商品房住宅1062套。机动车停车位1203辆,其中地上59辆,地下1144辆。

四、城市居住区用地控制指标

《城市居住区规划设计标准》(GB 50180—2018)规定了居住区用地控制指标以及居住区相关的配套设施。居住区依据其居住人口规模主要可分为十五分钟生活圈居住区、十分钟生活圈居住区、五分钟生活圈居住区和居住街坊四级。(如表3－12所示)

表 3－12　居住区分级控制规模

距离与规模	十五分钟生活圈居住区	十分钟生活圈居住区	五分钟生活圈居住区	居住街坊
步行距离(m)	800～1000	500	300	—
居住人口(人)	50,000～100,000	15,000～25,000	5000～12,000	1000～3000
住宅数量(套)	17,000～32,000	5000～8000	1500～4000	300～1000

十五分钟生活圈居住区。以居民步行十五分钟可满足其物质与生活文化需求为原则划分的居住区范围；一般由城市干路或用地边界线所围合、居住人口规模为 50,000～100,000 人(17,000～32,000 套住宅)，配套设施完善的地区。(如表 3－13 所示)

表 3－13　十五分钟生活圈居住区用地控制指标

建筑气候区划	住宅建筑平均层数类别	人均居住区用地面积(m^2)	居住区用地容积率	居住区用地构成(%)				
				住宅用地	配套设施用地	公共绿地	城市道路用地	合计
Ⅰ、Ⅶ	多层Ⅰ类(4～6层)	40～54	0.8～1.0	58～61	12～16	7～11	15～20	100
Ⅱ、Ⅵ		38～51	0.8～1.0					
Ⅲ、Ⅳ、Ⅴ		37～48	0.9～1.1					
Ⅰ、Ⅶ	多层Ⅱ类(7～9层)	35～42	1.0～1.1	52～58	13～20	9～13	15～20	100
Ⅱ、Ⅵ		33～41	1.0～1.2					
Ⅲ、Ⅳ、Ⅴ		31～39	1.1～1.3					
Ⅰ、Ⅶ	高层Ⅰ类(10～18层)	28～38	1.1～1.4	48～52	16～23	11～16	15～20	100
Ⅱ、Ⅵ		27～36	1.2～1.4					
Ⅲ、Ⅳ、Ⅴ		26～34	1.2～1.5					

十分钟生活圈居住区。以居民步行十分钟可满足其基本物质与生活文化需求为原则划分的居住区范围；一般由城市干路、支路或用地边界线所围合、居住人口规模为 15,000～25,000 人(5000～8000 套住宅)，配套设施齐全的地区。(如表 3－14 所示)

表 3－14　十分钟生活圈居住区用地控制指标

建筑气候区划	住宅建筑平均层数类别	人均居住区用地面积(m^2)	居住区用地容积率	居住区用地构成(%)				
				住宅用地	配套设施用地	公共绿地	城市道路用地	合计
Ⅰ、Ⅶ	低层(1～3层)	49～51	0.8～0.9	71～73	5～8	4～5	15～20	100
Ⅱ、Ⅵ		45～51	0.8～0.9					
Ⅲ、Ⅳ、Ⅴ		42～51	0.8～0.9					
Ⅰ、Ⅶ	多层Ⅰ类(4～6层)	40～54	0.8～1.0	68～70	8～9	4～6	15～20	100
Ⅱ、Ⅵ		38～51	0.8～1.0					
Ⅲ、Ⅳ、Ⅴ		37～48	0.9～1.1					
Ⅰ、Ⅶ	多层Ⅱ类(7～9层)	35～42	1.0～1.1	64～67	9～12	6～8	15～20	100
Ⅱ、Ⅵ		33～41	1.0～1.2					
Ⅲ、Ⅳ、Ⅴ		31～39	1.1～1.3					
Ⅰ、Ⅶ	高层Ⅰ类(10～18层)	28～38	1.1～1.4	60～64	12～14	7～10	15～20	100
Ⅱ、Ⅵ		27～36	1.2～1.4					
Ⅲ、Ⅳ、Ⅴ		26～34	1.2～1.5					

五分钟生活圈居住区。以居民步行五分钟可满足其基本生活需求为原则划分的居住区范围；一般由支路及以上级城市道路或用地边界线所围合，居住人口规模为5000～12,000人(1500～4000套住宅)，配建社区服务设施的地区。(如表3－15所示)

表 3－15　五分钟生活圈居住区用地控制指标

建筑气候区划	住宅建筑平均层数类别	人均居住区用地面积(m^2)	居住区用地容积率	居住区用地构成(%)				
				住宅用地	配套设施用地	公共绿地	城市道路用地	合计
Ⅰ、Ⅶ	低层(1～3层)	46～47	0.7～0.8	76～77	3～4	2～3	15～20	100
Ⅱ、Ⅵ		43～47	0.8～0.9					
Ⅲ、Ⅳ、Ⅴ		39～47	0.8～0.9					

续表

建筑气候区划	住宅建筑平均层数类别	人均居住区用地面积(m^2)	居住区用地容积率	居住区用地构成(%)				
				住宅用地	配套设施用地	公共绿地	城市道路用地	合计
Ⅰ、Ⅶ	多层Ⅰ类(4~6层)	32~43	0.8~1.1	74~76	4~5	2~3	15~20	100
Ⅱ、Ⅵ		31~40	0.9~1.2					
Ⅲ、Ⅳ、Ⅴ		29~37	1.0~1.2					
Ⅰ、Ⅶ	多层Ⅱ类(7~9层)	28~31	1.2~1.3	72~74	5~6	3~4	15~20	100
Ⅱ、Ⅵ		25~29	1.2~1.4					
Ⅲ、Ⅳ、Ⅴ		23~28	1.3~1.6					
Ⅰ、Ⅶ	高层Ⅰ类(10~18层)	20~27	1.4~1.8	69~72	6~8	4~5	15~20	100
Ⅱ、Ⅵ		19~25	1.5~1.9					
Ⅲ、Ⅳ、Ⅴ		18~23	1.6~2.0					

居住街坊。由支路等城市道路或用地边界线围合的住宅用地，是住宅建筑组合形成的居住基本单元；居住人口规模在1000~3000人(300~1000套住宅)，并配建有便民服务设施。(如表3-16所示)

表3-16 居住街坊用地与建筑控制指标

建筑气候区划	住宅建筑平均层数类别	住宅用地、居住街坊用地容积率	建筑密度最大值(%)	绿地率最小值(%)	住宅建筑高度控制最大值(m)	人均住宅用地面积最大值(m^2/人)
Ⅰ、Ⅶ	低层(1~3层)	1.0	35	30	18	36
	多层Ⅰ类(4~6层)	1.1~1.4	28	30	27	32
	多层Ⅱ类(7~9层)	1.5~1.7	25	30	36	22
	高层Ⅰ类(10~18层)	1.8~2.4	20	35	54	19
	高层Ⅱ类(19~26层)	2.5~2.8	20	35	80	13

续表

建筑气候区划	住宅建筑平均层数类别	住宅用地、居住街坊用地容积率	建筑密度最大值（%）	绿地率最小值（%）	住宅建筑高度控制最大值（m）	人均住宅用地面积最大值（m^2/人）
Ⅱ、Ⅵ	低层(1～3层)	1.0～1.1	40	28	18	36
	多层Ⅰ类(4～6层)	1.2～1.5	30	30	27	30
	多层Ⅱ类(7～9层)	1.6～1.9	28	30	36	21
	高层Ⅰ类(10～18层)	2.0～2.6	20	35	54	17
	高层Ⅱ类(19～26层)	2.7～2.9	20	35	80	13
Ⅲ、Ⅳ、Ⅴ	低层(1～3层)	1.0～1.2	43	25	18	36
	多层Ⅰ类(4～6层)	1.3～1.6	32	30	27	27
	多层Ⅱ类(7～9层)	1.7～2.1	30	30	36	20
	高层Ⅰ类(10～18层)	2.2～2.8	22	35	54	16
	高层Ⅱ类(19～26层)	2.9～3.1	22	35	80	12

五、建设用地取得成本分析

建设用地招标、拍卖或挂牌前应对土地取得成本进行分析，土地价格可以按照以下几个方法来估算：市场比较法、成本法、假设开发法以及基准地价修正法。

（一）市场比较法

市场比较法是将待估土地与在近期内已经发生交易的类似土地交易实例进行对照比较，对有关因素进行修正，得出待估土地在评估时地价的方法。

一般选择近期交易的3～5个可比实例，看看可比实例成交的价格，在此基础上进行修正。主要对交易情况、交易日期、土地状况等三个方面进行修正，然后求得土地价格。

估价对象价格＝可比实例价格×交易情况修正系数×交易日期修正系数×区域因素修正系数×个别因素修正系数

(二)成本法

土地很多时候是通过征收土地取得的,有时候地方政府会采用零收益的方式来出让土地,这时候土地出让价格和土地取得成本相同。这里又分为征收集体土地的土地成本和征收国有土地的土地成本。

1. 征收集体土地的土地成本

征收集体土地的土地成本一般包括土地征收补偿费用、相关税费和其他费用。

(1)土地征收补偿费用

一般包括下列费用:

①土地补偿费。征收耕地的土地补偿费,为该耕地被征收前3年平均年产值的6~10倍,征收其他土地的土地补偿费标准,由省、自治区、直辖市参照征收耕地的土地补偿费的标准规定。土地补偿费的计算公式为:土地补偿费=被征土地前3年平均年产值×补偿倍数。

②安置补助费。征收耕地的安置补助费,按照需要安置的农业人口数计算。需要安置的农业人口数,按照被征收的耕地数量除以征地前被征收单位平均每人占有耕地的数量计算。每一个需要安置的农业人口的安置补助费标准,为该耕地被征收前3年平均年产值的4~6倍,但是,每公顷被征收耕地的安置补助费,最高不得超过被征收前3年平均年产值的15倍。征收其他土地的安置补助费标准,由省、自治区、直辖市依照征收耕地的安置补助费的标准规定。

依照规定支付土地补偿费和安置补助费,尚不能使需要安置的农民保持原有生活水平的,经省、自治区、直辖市人民政府批准,可以增加安置补助费。但是,土地补偿费和安置补助费的总和不得超过土地被征收前3年平均年产值的30倍。国务院根据社会、经济发展水平,在特殊情况下,可以提高征收耕地的土地补偿费和安置补助费的标准。

省级自然资源部门会同有关部门制定省域内各县(市)耕地的最低统一年产值标准,报省级人民政府批准后公布执行。制定统一年产值标准可考虑被征收耕地的类型、质量、农民对土地的投入、农产品价格、农用地等级等因素。土地补偿费和安置补助费的统一年产值倍数,应按照保证被征地农民原有生活水平不降低的原则,在法律规定范围内确定;按法定的统一年产值倍数计算的征地补偿安置费用,不能使被征地农民保持原有生活水平,不足以支付因征地而导致无地农民社会保障费用的,经省级人民政府批准应当提高倍数;土地补偿费和安置补助费合计按30倍计算,尚不足以使被征地农民保持原有生活水平的,由当地人民政府统筹安排,从国有土地有偿使用收益中划出一定比例给予补贴,经依法批准占用基本农田的,征地补偿按当地人民政府公布的最高补偿标准执行。

有条件的地区,省级自然资源部门可会同有关部门制定省城内各县(市)征地区片综合地价,报省级人民政府批准后公布执行,实行征地补偿,制定区片综合地价需考虑地类、产值、土地区位、农用地等级、人均耕地数量、土地供求关系,经济发展水平和城镇居民最低生活保障水平等因素。

③地上附着物和青苗的补偿费。地上附着物补偿费是对被征收土地上诸如房屋及其他建筑物(含构筑物)、树木、鱼塘、农田水利设施、蔬菜大棚等给予的补偿费。青苗补偿费是对被征收土地上尚未成热、不能收获的诸如水稻、小麦、蔬菜、水果等给予的补偿费。可以移植的苗木、花草以及多年生经济林木等,一般是支付移植费;不能移植的,给予合理补偿或作价收购。地上附着物和青苗的补偿标准,由省、自治区、直辖市规定。

④安排被征地农民的社会保障费用。

(2)相关税费

一般包括下列费用和税金:

①新菜地开发建设基金(征收城市郊区菜地的)。征收城市郊区的菜地,用地单位应当按照国家有关规定缴纳新菜地开发建设基金。新菜地开发建设基金的缴纳标准,由省、自治区、直辖市规定。

②耕地开垦费(占用耕地的)。国家实行占用耕地补偿制度。非农业建设经批准占用耕地的,按照"占多少,垦多少"的原则,由占用耕地的单位负责开垦与所占用耕地的数量和质量相当的耕地;没有条件开垦或者开垦的耕地不符合要求的,应当按照省、自治区、直辖市的规定缴纳耕地开垦费,专款用于开垦新的耕地。

③耕地占用税(占用耕地的)。根据我国《耕地占用税法》的规定,占用耕地建设建筑物、构筑物或者从事非农业建设的单位和个人,为耕地占用税的纳税人,应当缴纳耕地占用税。耕地占用税以纳税人实际占用的耕地面积为计税

依据,按照规定的适用税额一次性征收,应纳税额为纳税人实际占用的耕地面积(平方米)乘以适用税额。占用园地、林地、草地、农田水利用地、养殖水面、渔业水域滩涂以及其他农用地建设建筑物、构筑物或者从事非农业建设的,比照我国《耕地占用税法》的规定征收耕地占用税。

④征地管理费。该项费用是指县级以上人民政府土地管理部门受用地单位委托,采用包干方式统一负责、组织、办理各类建设项目征收土地的有关事宜,由用地单位按照征地费总额的一定比例支付的管理费用。包干方式有全包方式、半包方式和单包方式三种。

⑤政府规定的其他有关费用。部分省、自治区、直辖市还规定收取防洪费、南水北调费等。具体费用项目和收取标准,应根据国家和当地政府的有关规定执行。

(3)其他费用

一般包括地上物拆除费、渣土清运费、场地平整费以及城市基础设施建设费、建设用地使用权出让金等,通常依照规定的标准或采用比较法求取。

2. 征收国有土地上房屋的土地成本

征收国有土地上房屋的土地成本一般包括房屋征收补偿费用、相关费用和其他费用。

(1)房屋征收补偿费用

一般包括下列费用:

①被征收房屋补偿费。是对被征收房屋价值的补偿。被征收房屋价值包括被征收房屋及其占用范围内的土地使用权和其他不动产的价值,通常由房地产估价机构评估确定。

②搬迁费。根据需要搬迁的家具、电器(如分体式空调、热水器)、机器设备等动产的拆卸、搬运和重新安装费用给予补助。对征收后不可重新利用的动产,根据其残余价值给予相应补偿。

③临时安置费。根据被征收房屋的区位、用途、建筑面积等因素,按照类似房地产的市场租金结合过渡期限确定。

④停产停业损失补偿费。因征收房屋造成停产停业的,根据房屋被征收前的效益、停产停业期限等因素确定。

⑤补助和奖励。

(2)相关费用

一般包括下列费用:

①房屋征收评估费。该项费用是承担房屋征收评估的房地产估价机构向房屋征收部门收取的费用。

②房屋征收服务费。该项费用是房屋征收实施单位承担房屋征收与补偿的具体工作向房屋征收部门收取的费用。

③政府规定的其他有关费用。这些费用一般是依照规定的标准或采用比较法求取。

(3)其他费用

一般包括地上物拆除费、渣土清运费、场地平整费以及城市基础设施建设费,建设用地使用权出让金等,通常依照规定的标准或采用比较法求取。

(三)假设开发法

假如有一块房地产开发用地要出让或转让,同时有许多房地产开发企业想得到它,作为其中的一个房地产开发企业将愿意出价多少?首先,该房地产开发企业要深入调查、分析该块土地的内外部状况和当地房地产市场状况,如该块土地的位置、四至、面积(包括规划总用地面积、建设用地面积和代征地面积)、形状、地形、地势、地质、开发程度、交通、外部配套设施、周围环境、规划条件(如土地用途、容积率,以及配套建设保障性住房、公共服务设施等要求)和将拥有的土地权利等。

其次,该房地产开发企业要根据调查、分析得到的该块土地的内外部状况和当地房地产市场状况,研究、判断该块土地的最佳利用,即在规划允许的范围内最适宜做何种用途、规模多大、什么档次的建筑。例如,是建住宅还是建写字楼或商场、宾馆;如果建住宅,是建普通住宅还是建高档公寓或别墅。

最后,该房地产开发企业要预测在未来适当的时候预售或销售开发完成后的房地产,价格将是多少;在取得该块房地产开发用地时作为买方需要缴纳的契税等"取得税费"将是多少;为了开发和售出开发完成后的房地产,支出将是多少,包括建设成本、管理费用、销售费用、投资利息(该房地产开发企业投入的资金有些是自己的,有些是向银行借贷的,有些还可能是通过其他融资渠道取得的,但都要计算利息,因为借入的资金要支付利息,自有资金要考虑其机会成本)、销售税费。此外,还不能忘了要获取开发利润。但期望所获取的开发利润既不能过高也不能过低。因为过高就会导致出价较低,从而在取得该块房地产开发用地的竞争中将失败;过低(如低于相同或相似的房地产开发活动的正常利润,或者低于将有关资金、时间和精力投到其他方面所能获得的利润)还不如将有关资金、时间和精力投到其他方面,这是基于机会成本的考虑。

在作出上述预测后,便可知愿意为该块房地产开发用地支付的最高价格等于预测的开发完成后的房地产价格减去预测的该块房地产开发用地的取得税费以及未来开发经营中必须付出的各项成本、费用、税金和应获得的开发利润后的余额。

以上方法就是假设开发法。房地产公司拿地前的土地价格测算一般采用假设开发法来进行估算。假设开发法简要地说,是根据估价对象预期开发完成后的价值来求取估价对象价值或价格的方法;较具体地说,是求得估价对象后续开发的必要支出及折现率,或后续开发的必要支出及应得利润和开发完成后的价值,将开发完成后的价值和后续开发的必要支出折现到价值时点后相减,或将开发完成后的价值减去后续开发的必要支出及应得利润得到估价对象价值或价格的方法。

假设开发法最基本的公式为:房地产开发价值 = 开发完成后的价值 - 后续开发的必要支出及应得利润。

后续开发的必要支出及应得利润为待开发房地产取得税费与后续开发的建设本、管理费用、销售费用、投资利息、销售税费及开发利润之和。

与此相对照,如果是采用成本法求取开发完成后的房地产价值,则公式为:开发完成后的房地产价值 = 待开发房地产价值 + 待开发房地产取得税费 + 建设成本 + 管理费用 + 销售费用 + 投资利息 + 销售税费 + 开发利润。

假设开发法应用于生地开发成熟地的公式为:生地价值 = 开发完成后的熟地价值 - 生地取得税费 - 由生地开发成熟地的成本 - 管理费用 - 销售费用 - 投资利息 - 销售费用 - 开发利润。

例如,某成片荒地的面积为 2 平方千米,适宜开发成“五通一平”的熟地分块转让;可转让土地面积的比率为 60%;附近地区与之位置相当的“小块”“五通一平”熟地的单价为 800 元/平方米;建设期为 3 年;将该成片荒地开发成“五通一平”熟地的建设成本以及管理费用、销售费用为 2.5 亿元/平方千米;贷款年利率为 8%；土地开发的年平均投资利润率为 10%；当地土地转让中卖方需要缴纳的增值税等税费和买方需要缴纳的契税等税费，分别为转让价格的 6% 和 4%。请采用假设开发法中的静态分析法测算该成片荒地的总价和单价。

价值时点为购买该成片荒地之日，假设为现在，并设该成片荒地的总价为 V，则：

①开发完成后的熟地总价值 $=800\times2,000,000\times60\%=9.6$（亿元）

②该成片荒地取得税费总额 $=V\times4\%=0.04V$（亿元）

③建设成本及管理费用、销售费用总额 $=2.5\times2=5$（亿元）

④投资利息总额 $=(V+0.04V)\times[(1+8\%)^{3}-1]+5\times[(1+8\%)^{1.5}-1]=0.27V+0.612$（亿元）

⑤转让开发完成后的熟地的税费总额 $=9.6\times6\%=0.576$（亿元）

⑥开发利润总额 $=(V+V\times4\%)\times10\%\times3+5\times10\%\times1.5=0.312V+0.75$（亿元）

⑦$V=9.6-0.04V-5-(0.27V+0.612)-0.576-(0.312V+0.75)$ $V=1.641$（亿元）

故：该成片荒地总价 1.641 亿元，该成片荒地单价为 $164,100,000/2,000,000=82.05$（元/平方米）

（四）基准地价修正法

城市基准地价，是指在城镇规划区范围内，对现状利用条件下不同级别或不同均质地域的土地，按照商业、居住、工业等用途分别评估法定最高年期的土地使用权价格，并由市、县及以上人民政府公布的国有土地使用权的平均价格。

《关于加强房地产用地供应和监管有关问题的通知》就规定了土地出让最低价不得低于出让地块所在地级别基准地价的 70%。很多地方土地价格是按照基准地价来确定的。

各个地方人民政府一般两年公布一次基准地价，2020 年 10 月 8 日山东省济南市发布了最新的基准地价，分为住宅基准地价、商服用地基准地价、工矿仓储用地基准地价、机关团体、新闻出版、教育、科研、文化设施、体育用地基准地价等。其中住宅基准地价把全济南市划分了八个级别。表 3－17 即是第一、二级别的基准地价数据。

表3－17　第一、二级别的基准地价数据

级别	Ⅰ						Ⅱ							
区片	Ⅰ－1	Ⅰ－2	Ⅰ－3	Ⅰ－4	Ⅰ－5	Ⅰ－6	Ⅱ－1	Ⅱ－2	Ⅱ－3	Ⅱ－4	Ⅱ－5	Ⅱ－6	Ⅱ－7	Ⅱ－8
区片地价（元/平方米）	14104	15700	14496	15444	14914	14708	11734	10418	13124	12066	13516	10100	12700	11318
区片地价（万元/亩）	940	1047	966	1030	994	981	782	695	875	804	901	673	847	755
楼面地价（元/平方米）	7052	7850	7248	7722	7457	7354	5867	5209	6562	6033	6758	5050	6350	5659

在一定的情形下，可以采用基准地价修正法来估算土地价格。基准地价修正法就是在政府或其他部门已公布基准地价的地区，利用有关调整系数对估价对象宗地所位置的基准地价进行调整后得到估算地价的方法。

土地价格＝适用的基准地价×土地市场状况调整系数×区位调整系数×用途调整系数×土地利用期限调整系数×容积率调整系数×土地开发程度调整系数×其他因素调整系数。

其中土地利用期限调整系数、土地使用年期修正系数可按以下公式计算：

$$Ky=\frac{1-\frac{1}{(1+r)^m}}{1-\frac{1}{(1+r)^n}}$$

公式中：

Ky：宗地使用年期修正系数；r：土地还原率；m：待估宗地可使用年期；n：该用途土地法定高的出让年期。

例如，原年限40年，地价1000元/平方米，现年限为30年，地价每平方米是多少钱？土地还原利率6%。根据公式，使用年期修正系数为：

$$Ky=\frac{1-\frac{1}{(1+6\%)^{30}}}{1-\frac{1}{(1+6\%)^{40}}}=0.915$$

所以，30年的土地出让价格是1000×0.915＝915元/平方米。

对于改变容积率等规划条件的，要进行补地价。容积率调整系数的计算公式为：补地价＝新规划条件下的土地市场价格－旧规划条件下单土地市场价格;补地价(单价)=新楼面地价×新容积率-旧楼面地价×旧容积率。

例如,某宗面积为3000平方米的工业用地,容积率为0.8,楼面地价为700元/平方米。现按规划拟改为商业用地,容积率为2,楼面地价为1500元/平方米。理论上应补地价,补地价(单价)=新楼面地价×新容积率-旧楼面地价×旧容积率=1500×2-700×0.8=2440元/平方米;补地价(总价)=2440×3000=732万元。

六、工程用地审批与许可

(一)土地预审与土地申请

1. 土地预审

在建设项目审批、核准、备案阶段,建设单位应当向建设项目批准机关的同级自然资源主管部门提出建设项目用地预审申请。

受理预审申请的自然资源主管部门应当依据土地利用总体规划、土地使用标准和国家土地供应政策,对建设项目的有关事项进行预审,出具建设项目用地预审意见。

2. 土地申请

在土地利用总体规划确定的城市建设用地范围外单独选址的建设项目使用土地的,建设单位应当向土地所在地的市、县自然资源主管部门提出用地申请。

建设单位提出用地申请时,应当填写《建设用地申请表》,并附具下列材料:建设项目用地预审意见;建设项目批准、核准或者备案文件;建设项目初步设计批准或者审核文件。

建设项目拟占用耕地的,还应当提出补充耕地方案;建设项目位于地质灾害易发区的,还应当提供地质灾害危险性评估报告。

3. 申请先行用地

国家重点建设项目中的控制工期的单体工程和因工期紧或者受季节影响急需动工建设的其他工程,可以由省、自治区、直辖市自然资源主管部门向自然资源部申请先行用地。

申请先行用地，应当提交下列材料：省、自治区、直辖市自然资源主管部门先行用地申请；建设项目用地预审意见；建设项目批准、核准或者备案文件；建设项目初步设计批准文件、审核文件或者有关部门确认工程建设的文件；自然资源部规定的其他材料。

经批准先行用地的，应当在规定期限内完成用地报批手续。

（二）受理申请

市、县自然资源主管部门对材料齐全、符合条件的建设用地申请，应当受理，并在收到申请之日起 30 日内拟订农用地转用方案、补充耕地方案、征收土地方案和供地方案，编制建设项目用地呈报说明书，经同级人民政府审核同意后，报上一级自然资源主管部门审查。

（1）在土地利用总体规划确定的城市建设用地范围内，为实施城市规划占用土地的，由市、县自然资源主管部门拟订农用地转用方案、补充耕地方案和征收土地方案，编制建设项目用地呈报说明书，经同级人民政府审核同意后，报上一级自然资源主管部门审查。

（2）在土地利用总体规划确定的村庄和集镇建设用地范围内，为实施村庄和集镇规划占用土地的，由市、县自然资源主管部门拟订农用地转用方案、补充耕地方案，编制建设项目用地呈报说明书，经同级人民政府审核同意后，报上一级自然资源主管部门审查。

（3）报国务院批准的城市建设用地，农用地转用方案、补充耕地方案和征收土地方案可以合并编制，一年申报一次；国务院批准城市建设用地后，由省、自治区、直辖市人民政府对设区的市人民政府分期分批申报的农用地转用和征收土地实施方案进行审核并回复。

（4）建设只占用国有农用地的，市、县自然资源主管部门只需拟订农用地转用方案、补充耕地方案和供地方案；建设只占用农民集体所有建设用地的，市、县自然资源主管部门只需拟订征收土地方案和供地方案；建设只占用国有未利用地，按照《土地管理法实施条例》第 22 条的规定办理。

（5）建设项目用地呈报说明书应当包括用地安排情况、拟使用土地情况等，并应附具下列材料：经批准的市、县土地利用总体规划图和分幅土地利用现状图，占用基本农田的，同时提供乡级土地利用总体规划图；有资格的单位出具的勘测定界图及勘测定界技术报告书;地籍资料或者其他土地权属证明材料;为实施城市规划和村庄、集镇规划占用土地的,提供城市规划图和村庄、集镇规划图。

(6)农用地转用方案,应当包括占用农用地的种类、面积、质量等,以及符合规划计划、基本农田占用补划等情况。

补充耕地方案,应当包括补充耕地的位置、面积、质量,补充的期限,资金落实情况以及补充耕地项目备案信息。征收土地方案,应当包括征收土地的范围、种类、面积、权属,土地补偿费和安置补助费标准,需要安置人员的安置途径等。供地方案,应当包括供地方式、面积、用途等。

(三)审核审查

(1)有关自然资源主管部门收到上报的建设项目用地呈报说明书和有关方案后,对材料齐全、符合条件的,应当在5日内报经同级人民政府审核。同级人民政府审核同意后,逐级上报有批准权的人民政府,并将审查所需的材料及时送该级自然资源主管部门审查。

对依法应由国务院批准的建设项目用地呈报说明书和有关方案,省、自治区、直辖市人民政府必须提出明确的审查意见,并对报送材料的真实性、合法性负责。

省、自治区、直辖市人民政府批准农用地转用、国务院批准征收土地的,省、自治区、直辖市人民政府批准农用地转用方案后,应当将批准文件和下级自然资源主管部门上报的材料一并上报。

(2)有批准权的自然资源主管部门应当自收到上报的农用地转用方案、补充耕地方案、征收土地方案和供地方案并按规定征求有关方面意见后30日内审查完毕。

建设用地审查应当实行自然资源主管部门内部会审制度。

农用地转用方案和补充耕地方案符合下列条件的,自然资源主管部门方可报人民政府批准:符合土地利用总体规划;确属必须占用农用地且符合土地利用年度计划确定的控制指标;占用耕地的,补充耕地方案符合土地整理开发专项规划且面积、质量符合规定要求;单独办理农用地转用的,必须符合单独选址条件。

征收土地方案符合下列条件的，自然资源主管部门方可报人民政府批准：被征收土地界址、地类、面积清楚，权属无争议的；被征收土地的补偿标准符合法律、法规规定的；被征收土地上需要安置人员的安置途径切实可行。

建设项目施工和地质勘查需要临时使用农民集体所有的土地的，依法签订临时使用土地合同并支付临时使用土地补偿费，不得办理土地征收。

供地方案符合下列条件的，自然资源主管部门方可报人民政府批准：符合国家的土地供应政策；申请用地面积符合建设用地标准和集约用地的要求；只占用国有未利用地的，符合规划、界址清楚、面积准确。

(3)农用地转用方案、补充耕地方案、征收土地方案和供地方案经有批准权的人民政府批准后，同级自然资源主管部门应当在收到批件后 5 日内将批复发出。

未按规定缴纳新增建设用地土地有偿使用费的，不予批复建设用地。

(四)实施

经批准的农用地转用方案、补充耕地方案、征收土地方案和供地方案，由土地所在地的县级以上人民政府组织实施。

1. 发布土地征收等公告

征收土地公告和征地补偿、安置方案公告，按照《土地管理法》及《土地管理法实施条例》的有关规定执行。

首先，县级以上地方人民政府因公共利益需要，确需征收农民集体所有的土地，且符合《土地管理法》第 45 条规定的，应当发布征收土地预公告，并开展拟征收土地现状调查和社会稳定风险评估。征收土地预公告应当包括征收范围、征收目的、开展土地现状调查的安排等内容，预公告时间不少于 10 个工作日。

其次，县级以上地方人民政府依据社会稳定风险评估结果，结合土地现状调查情况，组织自然资源、财政、农业农村、人力资源和社会保障等有关部门拟定征地补偿安置方案。征地补偿安置方案应当包括征收范围、土地现状、征收目的、补偿方式和标准、安置对象、安置方式、社会保障、办理补偿登记的方式和期限、异议反馈渠道等内容。征地补偿安置方案拟定后，需在拟征收土地所在的乡(镇)和村、村民小组范围内公告，公告时间不少于 30 日。

再次，征地补偿安置方案确定之后，县级以上人民政府应当组织有关部门与拟征收土地的所有权人、使用权人签订征地补偿安置协议，并依照《土地管理法》第46条的规定向有批准权的人民政府提出征收土地申请。

最后，征收土地申请经依法批准后，县级以上地方人民政府应当在15个工作日内在拟征收土地所在的乡（镇）和村、村民小组范围内发布征收土地公告，公布征收范围、征收时间等具体工作安排，对个别未达成征地补偿安置协议的应当作出征地补偿安置决定，并依法组织实施。

2. 签订土地出让合同

以有偿使用方式提供国有土地使用权的，由县级以上人民政府自然资源主管部门与土地使用者签订土地有偿使用合同，并向建设单位颁发《建设用地批准书》。

3. 缴纳土地使用费、办理土地证

土地使用者缴纳土地有偿使用费后，依照规定办理土地登记。

以划拨方式提供国有土地使用权的，由县级以上人民政府自然资源主管部门向建设单位颁发《国有土地划拨决定书》和《建设用地批准书》，依照规定办理土地登记。《国有土地划拨决定书》应当包括划拨土地面积、土地用途、土地使用条件等内容。

建设项目施工期间，建设单位应当将《建设用地批准书》公示于施工现场。

Chapter 04 第四章

建设工程采购

一、勘察设计人采购

（一）勘察人采购

1. 建设工程勘察类型

根据工程建设基本程序与《岩土工程勘察规范》，房屋建筑与构筑物的岩土工程勘察可分为可行性研究阶段勘察、初步设计阶段勘察（初勘）、施工图设计阶段详细勘察（详勘）和施工勘察。

拟建工程场地的选择和确定对建设工程安全稳定、经济效益影响很大，可行性研究阶段勘察结果是决定工程选址的重要依据之一，选择有利的工程地质条件，可以避免工程地质灾害，降低工程造价，实现工程安全。可行性研究阶段勘察，首先是搜集拟建工程所在区域的地质、地形地貌、地震、矿产、岩土工程和建筑经验等资料，并在资料分析基础上通过实地踏勘了解拟建工程场地的地层、构造、岩性、不良地质作用和地下水等工程地质条件，以对拟建工程场地的稳定性和适宜性作出评价。若资料分析或实地踏勘中发现拟建场地工程地质条件复杂，则需要组织进一步的工程地质测绘和勘探工作。若存在多个备选的拟建工程场地时，则需要进行场地的比选与论证。

初步设计阶段勘察，是在已有工程地质资料和地质测绘调查结果的基础上,对拟建工程场址进行勘探和测试。建设工程的场址选择确定之后,需要进一步查明建筑场地不良地质现象的成因、分布范围、危害程度及其发展趋势,对场地内各建筑地段的稳定性作出评价,以便使场地主要建筑物的布置避开不良地质现象发育的地段,为建筑总平面布置提供依据。

经过选址勘察和初步勘察之后,能够基本查明场地工程地质条件。详勘的任务是根据规划范围内的建筑地基或具体的地质问题,为施工图设计和施工提供设计计算参数和可靠依据。因此,施工图设计阶段详细勘察主要以勘探、原位测试和室内土工试验为主,必要时,可补充部分物探、工程地质测绘或勘察工作。对安全等级为一级、二级的建筑物,应根据建筑物的主干轴线或建筑物的外围和中点布置详细的勘察点。无论是建筑物,抑或构筑物、市政基础设施,其常为人所见的是地上部分。基础部分虽不影响美观,却是建设工程不可或缺的组成部分。所谓"基础不牢,地动山摇",即为基础工程之重要性的体现。工程设计人员选择基础形式、基础处理方式的前提,是建设工程所选场地之下及周边的地质、水文条件。这即为基础工程设计之所需勘察资料。由此可见,施工图阶段勘察是工程施工图设计的直接依据。施工勘察是工程施工的依据。施工勘察是对岩土工程条件复杂或有特殊使用要求的建筑物地基,在施工过程中现场检验、补充或在基础施工中发现岩土工程条件有变化或与勘察资料不符时进行的补充勘察,是针对施工方法、施工措施的特殊要求或施工过程中出现的工程地质或岩土工程问题,开展的勘察工作,其勘察工作内容和工作成果应当满足施工阶段设计和施工的相关要求。

2. 建设工程勘察任务与内容

建设工程勘察,是指根据工程建设的规划、设计、施工、运营及综合治理等的需要,对地形、地质及水文等状况进行测绘、勘探测试,查明、分析、评价建设场地的地质地理环境特征和岩土工程条件,编制建设工程勘察文件的活动,岩土工程中的勘测、设计、处理、监测活动也属工程勘察范畴。

具体的勘察任务,包括:

(1)查明拟建工程场地范围内的工程地质条件,阐明其特征、成因和控制因素,并指出其对工程建设、运营有利和不利的因素;

(2)分析研究与拟建工程有关的工程地质问题,作出定性和定量的评价,为建筑物的设计和施工提供可靠的地质资料;

(3)选择工程地质条件相对优越的拟建工程场地;

(4)配合建设工程的设计与施工,依据地质条件提出建筑物类型、结构、规模和施工方法的建议;

(5)提出改善和防治不良地质条件的措施和建议;

(6)预测工程兴建后对地质环境造成的影响,制定保护地质环境的措施。

基于以上勘察任务,勘察的具体工作范围,包括:

(1)工程地质勘察

工程地质勘察是调查对工程建设经济合理性有直接影响的岩土工程地质问题,如岩土滑移、活动断裂、地震液化、地面侵蚀、岩溶塌陷及各种复杂地基土等,以及由于人类活动所造成的环境地质问题,如地下采空塌陷、边坡挖填失稳、地面沉降等,提出工程建设的方案和设计、施工所需的地质技术参数并对有关技术经济指标作出评价。

(2)工程测量

工程测量是对工程建设场地的地形地貌特征以及施工与安全使用的监测技术,为规划设计、施工及运营管理各阶段提供所需的基本图件、测绘资料与测绘保障。工程测量包括城市建设测量、建筑工程测量、铁路和道路测量、隧道与地下工程测量以及精密工程测量等,尽管技术内容和重点不一,但其基本原理与方法很多都是相同的。各国的工程控制测量已向优化设计、光机电相结合和数据处理方向发展;摄影测量向着数字化、自动化方向发展;开拓发展了非地形摄影,并用于古建筑文物测绘、模型试验、变形观测及微观测量等方面,扩大了工程测量技术的应用范围。

(3)水文地质勘察

地下水是水资源的重要组成部分,是经济建设不可缺少的天然资源之一,例如,地下淡水是重要的生产生活给水水源,地下卤(盐)水是重要的化工原料,温度较高和有特殊化学成分的地下水是一种可供旅游和医疗应用的资源。而地下水位过浅或含盐量过高时,则易造成某些环境公害,如土地的沼泽化、盐碱化和岸坡失稳等。在一些大型建设工程和城市建设中又常会遇到一些与地下水有关的工程问题,如防止水库渗漏,保持边坡稳定,防止地下水污染以及预防由于对地下水的不合理开采造成的地面沉降和地面坍陷问题等。

(4)工程水文

工程水文是调查河流或其他水体的水文要素变化和分布规律,预估未来径流的情势,为工程的规划设计及施工管理提供水文依据。工程水文对于水利、铁路、公路、隧道、桥梁、疏干排水等工程建设,研究地下水资源的补给、排泄规律及其管理等尤为重要,是工程勘察的重要组成部分。工程水文随着自动化测验设备、遥感航测技术及电子计算机技术的发展,从观测技术到理论分析、计算方法都有了很大的发展,对提高水文分析计算、水文预报、水文测验及水文调查的精度,保证工程设计的合理与运营的安全,都具有重要意义。

(5)工程地球物理勘探

现代地球物理勘探技术用来为工程地质和水文地质勘察服务,可加快勘察速度,减少投资,充实工程地质和水文地质勘察所需的物理参数,使勘察效果更趋完善,是有广阔前景的重要勘察手段。例如,利用这一先进的手段可探查隐蔽的地质构造和地层、含水层的空间分布、取得岩土物理力学及动力学参数的原位测试数据等。除常用的电阻率法、浅层地震折射勘探及电测井外,浅层地震反射、横波地震、工程测震及声波、水声、放射性、电磁波勘探和综合测井以及空间遥感技术等均有所发展。

3.勘察人的选择

勘察人,即勘察单位,是指持有建设行政主管部门颁发的勘察资质证书,从事工程测量、水文地质和岩土工程等工作的企业或机构。现有法律法规,除了对从事建设工程勘察活动的单位实行资质管理制度之外,还对从事建设工程勘察活动的专业技术人员,实行执业资格注册管理制度。

根据《建设工程勘察设计管理条例》的规定,建设工程勘察人的选择应当依照我国《招标投标法》的规定实行招标发包或者直接发包。其中,不经过招投标程序直接发包的,需要经有关行政主管部门批准,并属于以下特定情形之一:采用特定的专利或者专有技术的;建筑艺术造型有特殊要求的;国务院规定可以直接发包的其他建设工程的勘察。

勘察人选择评价的标准或依据是勘察人的业绩、勘察人的信誉、勘察专业技术人员的能力、勘察方案的优劣以及勘察商务报价。

勘察人可以在取得采购人的同意之后,将采购人委托的勘察任务中除建设工程主体部分的勘察分包给其他具有相应资质等级的建设工程勘察单位。

(二)设计人采购

1. 建设工程设计的价值

建设工程起始于投资意图,投资人的投资意图经过可行性研究论证具备经济上可行、技术上合理、获利的可能性之后,随即进入图上产品(图纸)的创作阶段,此为建设工程设计。建设工程是一个周期长、资源消耗量大、不可逆的过程,多专业交叉,其所需造价亦非常之高。因此,需要通过图上产品创作进行充分的论证,以保证与投资人的建设意图相吻合。

建设工程设计是在可行性研究确定建设工程项目具备可行性的前提下,以投资人建设意图为依据,通过规划设计、方案设计、技术设计,落实投资人建设意图中的相关指标,以解决指标实现过程中具体工程技术问题和经济问题。

建设工程设计是指对建设工程项目的建设提供有技术依据的设计文件和图纸的整个活动过程,是建设工程项目生命期中的重要环节,其重要性体现在:

(1)建设工程设计是对建设工程项目进行整体规划、空间布局与平面利用的方案创设,既是落实投资人建设意图的创作过程,也是实现建设工程功能、价值与美观性的过程。

(2)建设工程设计是处理建设项目技术与经济关系的关键性环节,根据建设工程生命周期理论,方案设计直接决定了建设工程的造价之高低,即方案设计对工程造价的影响达到90%,之后的建设工程阶段与工作对工程造价的影响逐步降低。施工图设计完成之后,工程造价基本就固定下来了。

(3)先设计后施工是建设工程项目必然要遵循的一个原则,按图施工是工程承包人的基本义务,建设工程设计决定了工程材料、设备的选型,在一定程度上决定了施工的方案,建设工程设计是施工的先决条件,设计的可施工性是施工能够顺利进行的重要保障。

(4)商业型的建设工程项目,如商品住宅、商业或办公用房,需要与同区域同类项目直接竞争,需要迎合乃至引领潜在顾客的市场需求,才能带动销售,实现项目价值,建设工程设计方案的优劣直接决定了项目的竞争力。

2. 建设工程设计的任务

建设工程设计,是指根据投资人的建设意图,对建设工程所需的技术、经济、资源、环境等条件进行综合分析、论证,编制建设工程设计文件,以实现投资

价值的活动。其具体的任务,包括:

(1)方案设计

根据投资人的建设意图,收集规划相关指标要求,结合拟建工程所处位置环境、地方文化特征,综合考虑技术经济条件和建筑艺术要求,对拟建工程的建筑总体布置、空间组合进行可能与合理的安排,编制形成多个(两个以上)方案设计文件,以供投资人选择。方案设计是对建筑造型、外观的设计,是对建筑结构的设计,是使建筑物满足使用功能的设计,是使建筑物具有外部造型美观、功能适用、使用安全的设计。设计人编制的方案设计文件均应当满足编制初步设计文件和控制概算的需要。

(2)初步设计

初步设计为拟建建设工程决策后的具体实施方案,是对拟建项目进行施工准备的主要依据。初步设计阶段的具体任务包括:完善、细化选定的设计方案;按照建设工程所需,分专业进行设计并做好专业设计之间的衔接。编制形成的初步设计文件,应当满足编制施工招标文件、主要设备材料订货和编制施工图设计文件的需要。

(3)施工图设计

施工图设计是通过图纸,把设计者的意图和全部设计结果表达出来,作为工程施工的依据,它是设计和施工工作的桥梁。施工图设计的主要任务是满足建设工程施工要求,在初步设计基础上,综合建筑、结构、设备各专业,工程所需材料、设备与技术等条件,把满足工程施工的各项具体要求反映在图纸上。编制施工图设计文件,应当满足设备材料采购、非标准设备制作和施工的需要,并注明建设工程合理使用年限。

3. 设计人的选择

设计人是指取得建设行政主管部门颁发的工程设计相关资质,可以承接相关行业与等级的建设工程设计业务、从事建设工程可行性研究与工程咨询等工作的企业或机构。

依据《建筑工程设计招标投标管理办法》,建设工程设计发包依法实行招标发包或者直接发包,建设工程设计的招标应当依照《招标投标法》规定进行公开招标或者邀请招标。采购人一般是将建设工程的方案设计、初步设计和施工图设计一并进行招标,选择一家设计人完成全部设计。如项目或采购人有特定需求，需要另行选择设计人承担初步设计、施工图设计的，采购人需要在招标公告或者投标邀请书中予以明确。

建设工程设计招标可以采用设计方案招标或者设计团队招标，采购人可以根据项目特点和实际需要选择。其中，设计方案招标，是指主要通过对设计人提交的设计方案进行评审确定中标人；而设计团队招标，是指主要通过对设计人拟派设计团队的综合能力进行评审确定中标人。

对于通过直接发包方式选择设计人的，需要满足下列条件之一，并且需要经发改委或建设行政主管部门批准。具体批准的行政主管部门，如果是在项目审批、核准阶段，则由发改委批准直接发包；如果是在项目审批、核准之后，则由建设行政主管部门批准。可以直接发包的情形有：(1)采用特定的专利或者专有技术的；(2)建筑艺术造型有特殊要求的；(3)国务院规定的其他建设工程的设计。

除了因以上所述特定原因之外，采购人对于设计人的选择，主要以设计人的业绩、信誉，设计人的专业技术人员所具备的执业资格与能力以及设计方案的优劣为选择考虑因素，按照招标文件所设置的标准或分值进行综合评定。

二、施工承包人采购

(一)施工总承包采购

1.施工总承包人

施工总承包人，是指具有建设行政主管部门核发的相应施工承包资质，与采购人签订施工总承包合同或协议，承包建设工程施工任务的企业。所谓施工总承包，即承包人承担了建设工程的全部施工任务，包括建设工程的土建、安装与装饰等施工任务。百年大计、质量第一，建设工程质量问题直接关系公众的生命和财产安全。要保证工程质量，从事工程施工的总承包人必须具备相应的资质条件，包括：相应数量的具备相关专业知识的专业技术人员和具有相关工作技能的技术工人，与其从事的施工任务相适应的资金和技术装备等。同时，由于各个建设工程项目的性质、规模和技术复杂程度等各有不同，对工程承包单位应具备的具体条件的要求也不相同。工程规模越大、技术要求越高，对施工总承包人的资金、技术、管理水平等条件的要求也随之越高。

原则上一个建设工程项目只有一个施工总承包人，但对于工程量特别巨大或者结构复杂的建设工程，采购人可以将该建设工程项目拆分成多个独立的部分，并分别发包给不同的施工总承包人。这种情况下，一个建设工程中可能出现多个施工总承包人。根据《建筑法》第27条的规定，大型建筑工程或者结构复杂的建筑工程，可以由两个以上的承包单位联合共同承包，即由两个以上的企业共同组成非法人性质的联合体，并以该联合体的名义承包某项建筑工程的承包形式。在联合承包形式中，由参加联合的各承包人共同组成的联合体作为一个单一的承包主体，与采购人签订承包合同，承担履行合同义务的全部责任。在联合体内部，则由参加联合体的各方以协议约定各自在联合承包中的权利、义务，包括联合体的管理方式及共同管理机构的产生办法、各方负责承担的工程任务的范围、利益分享与风险分担的办法等。

施工总承包人承包建设工程全部施工任务之后，可以根据自身条件和需求，将其总承包的建设工程项目中某一部分或某几部分，如装饰与安装部分施工任务在法律法规相关规定许可条件下分包给第三方施工企业，由第三方的分包企业完成对应施工任务。施工总承包人亦可以将完成建设工程施工任务所需之劳务分包给第三方劳务企业，第三方劳务企业仅向施工总承包人提供建设工程施工所需的劳务、小型机具与工具以及部分低值易耗材。施工总承包人自主完成所需分包企业的选择，但分包之前需要取得采购人的许可。

2. 施工总承包人的任务

施工总承包人在建设工程施工和履行合同过程中应遵守法律和工程建设相关的标准规范，并履行以下义务：

（1）办理法律规定应由施工总承包人办理的许可和批准，如夜间施工、临时停水、临时占用道路、大型车辆进出许可等，施工总承包人需将办理结果书面报送发包人留存；

（2）完成设计图纸与合同约定范围内建设工程的施工，并在合同所附建设工程质量保修协议之下承担约定保修期限内对应保修项目的维修义务；

（3）按法律规定和合同约定采取施工安全和环境保护措施，如安全设施、扬尘治理、节能设备等，并为参与项目的人员办理相关保险，确保工程及人员、材料、设备和设施的安全；

(4)在合同约定施工进度目标基础上完成合同约定范围之内的各项任务，且施工质量达到规范标准与合同要求，确保工程及其人员、材料、设备和设施的安全，防止因工程施工造成的人身伤害和财产损失；

(5)负责施工场地及其周边环境与生态的保护工作，在进行合同约定的各项工作时，不得侵害发包人与他人使用公用道路、水源、市政管网等公共设施的权利，避免对邻近的公共设施产生干扰；

(6)将采购人按合同约定支付的各项价款专用于合同工程，且应及时支付其雇用人员工资，并及时向分包人支付合同价款；

(7)保修期内，及时维修建设工程出现的质量问题。

3. 施工总承包人的采购

施工总承包人采购选择时，主要参照的依据或评价的标准，包括：企业所具备的工程施工资质，企业的资金实力(含注册资本金额度和流动资金额度)，工程承包业绩(含一般工程承包业绩和同类工程承包业绩)，企业针对采购工程的报价，企业对采购工程进度、质量、环保等方面的承诺等。

施工总承包选择方式确定，参照的依据包括：

(1)建设工程项目资金来源。当建设工程项目所需资金来自财政资金，施工总承包人选择方式需要满足《政府采购法》中有关工程采购的规定；如果根据《政府采购法》应当选用招标方式的，需按照《招标投标法》规定完成施工总承包人的采购。当建设工程项目所需资金全部或者部分来自国有资金，或来自国际组织、外国政府贷款、援助资金，施工总承包人的选择则需要满足《招标投标法》关于采购方式的限制，即达到《必须招标的工程项目规定》规定之施工单项合同估算价在400万元人民币以上的限额时，必须通过招标方式选择施工总承包人。社会资金投资的建设工程，如果属于大型基础设施、公用事业等关系社会公共利益、公众安全的项目，施工总承包人的采购方式同样要受到《招标投标法》的限制。

(2)采购人对于竞价充分性的要求。当建设工程所需技术成熟，无须特殊型号的材料设备，施工所处环境的不确定性较低，且同类项目较为普遍，采购人对于竞价充分性要求高，一般采用公开招标的方式。因为，公开招标方式更加开放，有利于降低采购价格。反之，当建设工程技术复杂，需特殊型号的机械设备，施工所处环境的不确定性较高，且具备施工总承包能力的企业较少，或者项目报价无直接可参照的经验数据时,基于价格竞争的公开招标方式并不适用。此种情况下,可适用邀请招标或直接发包的方式确定施工总承包人。

(3)现有法律法规界定的特定情形。比如,《招标投标法》及《招标投标法实施条例》中所界定的:涉及国家安全、国家秘密、抢险救灾或者属于利用扶贫资金实行以工代赈、需要使用农民工等特殊情况;需要采用不可替代的专利或者专有技术;采购人依法能够自行建设、生产或者提供;已通过招标方式选定的特许经营项目投资人依法能够自行建设、生产或者提供;需要向原中标人采购工程、货物或者服务,否则将影响施工或者功能配套要求等项目,可以不进行招标,通过直接发包的方式选择施工总承包人。

(4)竞争性谈判或竞争性磋商的采购方式。根据《政府采购法》的规定,竞争性谈判或竞争性磋商方式,适用于货物或服务的采购。而且,《政府采购法》规定了适用竞争性谈判或竞争性磋商方式的特定条件,包括:招标后没有供应商投标或者没有合格标的或者重新招标未能成立的;技术复杂或者性质特殊,不能确定详细规格或者具体要求的;采用招标所需时间不能满足用户紧急需要的;不能事先计算出价格总额的。满足以上条件,采购人需要通过与多家供应商(不少于三家)进行谈判,最后从中确定中标供应商。但是,在施工总承包人的选择过程中,也有采用竞争性谈判或竞争性磋商方式的。一般是社会资金投资建设的工程项目,且工程性质并不属于强制招标范围之内的;或者非传统运作模式中对施工总承包人的采购,如公私合营运作模式的项目等。

(二)工程总承包人采购

1. 工程总承包人

相对于施工总承包,工程总承包人的承包范围更大,工程总承包合同涵盖的范围可以包括:建设工程(勘察)设计、材料设备采购、工程施工、建设工程项目试运行。从建设工程实践角度,工程总承包既可以是从设计开始,一直到试运行结束的全部建设任务的承包,也可以是其中部分建设任务的承包。但是,工程设计与施工必须要涵盖在工程总承包的范围之中。所以,工程总承包一般采用设计—采购—施工总承包或者设计—施工总承包的两种模式。

工程总承包人,是指从事工程总承包的企业,其按照与采购人所签订的工程总承包合同,对工程的质量、安全、工期和造价等全面负责的工程总承包企业。我国建筑业企业资质管理中曾出现过工程总承包资质,但是在2005年之后予以取消;当前并没有工程总承包序列的资质。工程总承包人承揽工程总承包的,应当同时具有与工程规模相适应的工程设计资质和施工资质,并拥有相应的财务和风险承受能力,具有相应的组织机构、项目管理体系、项目管理专业人员,以及与承包工程相类似的设计、施工或者工程总承包业绩。如果企业并不同时具有与工程规模相适应的工程设计资质和施工资质的,可以由具有相应资质的设计企业和施工总承包企业组成联合体,共同承接工程总承包建设任务。设计企业和施工企业组成联合体的,应当根据工程项目的特点和复杂程度,合理确定两者之间的牵头企业,并在联合体协议中明确联合体成员企业之间的责任和权利。联合体各方应当共同与采购人签订工程总承包合同,并就工程总承包项目在联合体成员之间承担连带责任。

当前,国家行业管理的相关政策,鼓励设计企业或机构通过向建设行政主管部门申请取得施工资质。对于已经取得工程设计综合资质、行业甲级资质、建筑工程专业甲级资质的设计企业或机构,可以直接申请相应类别施工总承包一级资质。同样,国家行业管理的相关政策,亦鼓励施工总承包人通过向建设行政主管部门申请,取得工程设计资质,具有一级及以上施工总承包资质的企业可以直接申请相应类别的工程设计甲级资质。完成的相应规模工程总承包业绩可以作为设计、施工业绩申报。

为了避免出现不正当竞争或利益交换而损害采购人的利益,工程总承包项目的代建企业、项目管理企业、监理企业、造价咨询企业以及招标代理企业不得作为其所服务工程总承包项目的工程总承包人。同样,政府投资项目的项目建议书、可行性研究报告、初步设计文件编制企业或机构及其评估的企业或机构,也不得成为该项目的工程总承包人。例外情形是,政府投资项目招标人公开已经完成的项目建议书、可行性研究报告、初步设计文件的,上述文件的编制企业或机构可以参与该工程总承包项目的投标,经依法评标、定标,成为工程总承包人。

2. 工程总承人的任务

工程总承包人的具体任务是通过工程总承包合同予以界定的。从国内工程实践中所执行的工程总承包合同分析,工程总承包人的承包内容涵盖从初步设计开始到工程完工为止这一过程中全部的设计、采购及施工建设任务,当然包括约定保修期之内的工程保修义务。

工程总承包人的承包范围，是从初步设计开始的，意味着工程总承包人的报价依据是方案设计与工程建设标准。工程总承包人在报价的同时，需要提交与报价相匹配的初步设计文件。待工程总承包合同签订之后，工程总承包人需要对初步设计文件进行优化、细化，采购人审核通过之后，工程总承包人按照初步设计文件完成施工图设计。施工图设计文件同样需要经过采购人的审核与图审机构的审查，并作为工程材料设备采购与施工的依据。工程完工之后，工程总承包人的全部义务即行终止。目前在部分工程总承包合同中，将工程移交之后的试运行划归为工程总承包人的合同义务。这是一个误区，工程试运行一般是指工程中含有设备的，设备完工之后进行试运行调试，达到规定功能标准才能满足使用条件，作为工程验收的一部分。工程试运行可分为单机无负荷试车、联动无负荷试车与投料试车。作为工程项目的承包商，无论是施工总承包还是工程总承包，只能承担单机无负荷试车与联动无负荷试车。投料试车，又名联动带负荷试车，属于生产环节，不能由承包商代为完成。工程完工之后，工程总承包人需要承担约定时限、约定范围之内的保修。

在以上所述工程总承包人承担建设任务之中，工程总承包人需要做到以下几点：

(1)遵守法律法规和相关工程建设标准规范，保证项目进度计划的实现，并对所有设计、施工作业和施工方法，以及全部工程的完备性和安全可靠性负责；

(2)在合同约定总价范围内，完成全部工作并在缺陷责任期和保修期内承担缺陷保证责任和保修义务，对工作中的任何缺陷进行整改、完善和修补，使其满足合同约定的目的；

(3)提供合同约定的工程设备和承包人文件，以及为完成合同工作所需的劳务、材料、施工设备和其他物品，并按合同约定负责临时设施的设计、施工、运行、维护、管理和拆除；

(4)按法律规定和合同约定采取安全文明施工、职业健康和环境保护措施，办理相关保险，确保工程及人员、材料、设备和设施的安全，防止因工程实施造成的人身伤害和财产损失。

3. 工程总承包人的选择

工程总承包将设计涵盖在承包范围之内，所以社会资本投资项目在项目完成核准或者备案后即可进行工程总承包人的采购选择。政府投资项目按照各地方政府规定不同,原则上是要求在初步设计审批完成后进行工程总承包人的采购选择。其中,按照国家有关规定简化报批文件和审批程序的政府投资项目,可以在完成相应的投资决策审批后进行工程总承包人的采购选择。因为,工程总承包的范围可以由采购人具体界定,所以根据建设工程项目特点,在可行性研究、方案设计或者初步设计完成后,按照确定的建设规模、建设标准、投资限额、工程质量和进度要求等进行工程总承包人的采购选择。

工程总承包人的选择方式,根据现有法律法规采购人可以依法采用招标或者直接发包的方式选择工程总承包人。工程总承包项目范围内的设计、采购或者施工中,有任一项属于依法必须进行招标的项目范围且达到国家规定规模标准的,就必须依法采用招标的方式选择工程总承包人。其中,必须招标的项目包括:(1)大型基础设施、公用事业等关系社会公共利益、公众安全的项目;(2)全部或者部分使用国有资金投资或者国家融资的项目;(3)使用国际组织或者外国政府贷款、援助资金的项目。必须招标项目的规模标准通过《必须招标的工程项目规定》予以界定。项目的勘察、设计、施工、监理以及与工程建设有关的重要设备、材料等的采购,达到下列标准之一的,必须依据招标投标法及其实施条例进行招标:(1)施工单项合同估算价在400万元人民币以上的;(2)重要设备、材料等货物的采购,单项合同估算价在200万元人民币以上的;(3)勘察、设计、监理等服务的采购,单项合同估算价在100万元人民币以上的;(4)属于依法必须进行招标的项目范围,且以暂估价形式包括在项目总承包范围内的工程、货物、服务且达到上述规定规模标准的,应当依法进行招标。

工程总承包人选择评标的方法一般为综合评估法。综合评估法评审的主要因素包括工程总承包报价、项目管理组织方案、设计方案、设备采购方案、施工计划、工程业绩等。

三、咨询服务人采购

(一)建设工程咨询服务的类别

工程项目建设的技术复杂性、内容多样性与过程风险性,导致对建设决策与管理的专业性要求较高。作为采购人,很难根据建设决策与管理的专业性要求配备齐全各种各样的高水平专业人员,以确保建设决策与管理的科学性。基于此需求,诞生了专门为采购人提供各类专业服务的咨询人员和机构,即建设工程咨询服务机构。

不同性质的建设资金,不同的建设工程专业类别,不同的建设技术要求,其采购人所需专业咨询服务有所差异。根据当前建设工程市场资源配置情况,工程咨询服务范围可根据项目建设阶段和服务差异,分为如下类别。

1. 规划设计咨询

建设工程之中所需的规划设计咨询一般是指城市规划咨询中的修建性详细规划。编制城市修建性详细规划,必须依据已经依法批准的控制性详细规划,对所在地块的建设提出具体的安排和设计。具体内容包括:分析建设工程的建设条件,进行综合技术经济论证;建筑、道路和绿地等的空间布局和景观规划设计,布置总平面图;对住宅、医院、学校和托幼等建筑进行日照分析;根据交通影响分析,提出交通组织方案和设计;市政工程管线规划设计和管线综合;竖向规划设计;估算工程量、拆迁量和总造价,分析投资效益。修建性详细规划成果应当包括规划说明书、图纸。

2. 投资决策综合性咨询

投资决策综合性咨询是工程咨询人在投资决策环节,就投资项目的市场、技术、经济、生态环境、能源、资源、安全等影响可行性的要素,结合国家、地区、行业发展规划及相关重大专项建设规划、产业政策、技术标准及相关审批要求进行分析研究和论证,为投资人提供综合性、一体化、便利化的咨询服务。开展投资决策综合性咨询服务的目的是深化投融资体制改革、优化营商环境、促进投资高质量发展。

工程咨询人根据投资人委托开展投资决策综合性咨询,包括投资策划咨询、可行性研究、建设条件单项咨询等活动,以及在此基础上编制形成的,符合建设项目投资决策基本程序要求的申报材料,同时协助投资方按规定完成投资决策阶段各项审批、核准或备案事项。

投资策划咨询,是进行可行性研究前的准备性调查研究,是为寻求有价值的投资机会而对项目的有关背景、投资条件、市场状况等进行初步调查研究和分析预测。

可行性研究，是分析论述影响项目落地、实施、运营的各项因素的活动，支撑投资方内部决策。可行性研究更加注重提升咨询服务价值，更加强调研究的客观性、科学性、严肃性，研究内容和深度必须满足投资方“定方案”“定项目”的要求。

建设条件单项咨询是包括可行性研究报告规定的重要章节所涉事项的咨询，也包括可行性研究报告未规定，但国家现行法律法规规定需要单独开展的咨询服务。建设条件单项咨询服务类别包括：

(1)建设项目选址论证，工程咨询人依据土地管理等相关法律法规的规定，基于项目所在地的土地利用规划、土地使用标准、拟选地点状况等，开展选址占地情况、用地是否符合土地利用总体规划、用地面积是否符合土地使用标准、用地是否符合供地政策等内容的论证，形成建设项目用地预审和选址意见书的申报材料。

(2)建设项目压覆重要矿产资源评估，工程咨询人依据矿产资源等相关法律法规的规定，根据项目所在地的矿产资源规划、矿产资源分布、矿业权设置情况等，对项目选址工作区压覆矿产的矿种、种类、面积及压覆矿产资源的类型、质量、数量、经济价值、矿业权归属情况等开展评估。

(3)建设项目环境影响评价，工程咨询人依据环境保护等相关法律法规的规定，就项目对环境可能造成的影响进行分析、预测和评估，提出项目环境保护措施，提出对项目实施环境监测的建议，并根据项目对环境的影响程度不同，编制环境影响报告书、环境影响报告表或填报环境影响登记表。

(4)节能评估，工程咨询人根据节能审查等相关法律法规的规定，通过对建设方案的节能分析和比选，选取节能效果好、技术经济可行的节能技术和管理措施；分析评价项目能源消费量、能源消费结构、能源效率等，出具固定资产投资项目节能评估结论。

(5)防洪影响评价，工程咨询人依据防洪等相关法律法规的规定，就项目对防洪的影响与洪水对建设项目的影响进行分析评价，制定消除或减轻洪水影响的措施、结论与建议等，编制形成防洪评价报告、防洪影响评价报告。当在国家基本水文监测站上下游进行建设，且可能影响水文监测时，工程咨询人还需要编制建设工程对水文监测影响程度的分析评价报告。

(6)生产建设项目水土保持方案，工程咨询人依据水土保持等相关法律法规规的规定,评价项目主体工程的水土保持影响,预测水土流失情况,设定水土流失防治责任范围及防治分区,制定水土流失防治目标及防治措施布局,进行水土保持方案投资估算与效益分析等,形成建设项目水土保持方案。

(7)水资源论证,工程咨询人依据取水许可等相关法律法规的规定,开展建设项目取水水源论证、用水合理性论证、退(排)水情况及其对水环境影响分析、对其他用水户权益的影响分析等,编制水资源论证报告书(表)。

(8)建设工程文物保护,工程咨询人依据文物保护等相关法律法规的规定,开展建设工程对文物可能产生破坏或影响的评估。

(9)社会风险评估,工程咨询人依据《国家发展改革委重大固定资产投资项目社会稳定风险评估暂行办法》等相关法规的规定,进行建设项目的社会风险调查分析,收集整理相关群众意见,识别风险点,评估风险发生的可能性及影响程度,制定防范和化解风险的措施,并提出采取相关措施后的社会风险等级建议等。

(10)政府和社会资本合作(PPP)咨询,可行性研究阶段,工程咨询人从政府投资必要性、政府投资方式比选、项目全生命周期成本、运营效率、风险管理以及是否有利于吸引社会资本参与等方面,对项目是否适宜采用 PPP 模式进行分析和论证。

3. 评估咨询

评估咨询是指由各级政府及相关行政管理部门委托的,对建设工程的规划设计、项目建议书、可行性研究报告、项目申请报告、资金申请报告、PPP 项目实施方案、初步设计文件的评估,规划设计和项目中期评价、后期评价,项目概预决算审查,以及其他履行投资管理职能所需的专业技术服务。

4. 工程勘察设计咨询

工程勘察设计咨询,包括工程勘察、工程勘察设计技术咨询、工程设计、工程勘察设计管理活动。实际委托的工程勘察设计咨询应为其中的某一类或多类的组合。

(1)工程勘察。工程咨询人编制工程勘察设计工作方案和进度计划,并按经采购人或投资人审查通过的工程勘察设计工作方案和进度计划实施工程勘察设计活动。工程咨询人必须遵循工程勘察标准实施勘察作业,包括室外作业、室内试验分析和报告编制。工程勘察设计成果除应按相关规定进行审核签字外，还能够提供满足工程设计、施工所需的岩土参数，以确定地基承载力和预测地基变形性状。

(2)工程勘察管理。工程咨询人根据既有工程资料、工程勘察相关标准及拟建工程范围和设计需求编制工程勘察任务书，经采购人或投资人批准后提供给工程勘察设计人，作为勘察依据。工程勘察作业开始之前，工程咨询人负责检查勘察现场及室内试验主要岗位操作人员资格及所使用设备、仪器的计量检定情况。工程勘察作业过程中，工程咨询人应检查工程勘察方案及勘察进度计划执行情况，督促勘察人完成勘察合同约定的工作内容，对重要点位的勘察与测试宜进行现场检查；工程咨询人负责审核工程勘察人提交的勘察费用支付申请，分析可能发生的工程勘察索赔原因，并应制定防范对策。工程勘察索赔事件发生后，应协调处理勘察延期、费用索赔等事宜。工程勘察结束之后，工程咨询人负责审查工程勘察人提交的勘察成果报告；对于抗震设防烈度等于或大于6度的场地，应审查工程勘察人所进行的场地与地基地震效应评价报告；基于采购人或投资人要求、项目需求，审查工程勘察人编制的水文地质勘察报告、文物保护勘察报告等专项勘察报告。

(3)工程设计。工程设计是指一家或多家具有相应工程设计资质和能力的工程咨询人完成方案设计、初步设计和施工图设计。方案设计，是根据工程咨询(设计)合同及工程设计任务书要求，向采购人或投资人提交方案设计成果，确定项目范围及内容、建设标准、设计原则，将功能需求与空间造型相结合，比选和推荐项目主要技术方案，确定主要设备选型，确保选定的设计方案能够满足投资控制要求。初步设计，是在确定设计原则和设计标准的基础上，明确建设规模，设计各专业主要设计方案、工艺流程与总平面布置，确定能源介质参数和消耗，进行主要设备选型，编制主要设备材料表及技术规格书，绘制初步设计图纸，并计算工程量和编制工程概算。初步设计成果主要包括设计说明书、初步设计图纸、主要设备材料表及技术规格书、工程概算书和有关环保、人防、消防、安全、节能和抗震专篇，涉及绿色建筑、装配式建筑的，设计说明书中应有相应内容。施工图设计是落实设计条件和要求，解决专项技术问题，绘制工程施工、设备安装所需的全部图纸；对于重要施工、安装部位，编制施工操作说明；提出设备、材料采购技术文件，详细说明非标准设备和结构件的加工制作要求；编制施工图预算，为采购人或投资人提供招标工程量清单和招标控制价文件，为工程施工招标、工程竣工结算提供参考。施工图设计成果主要包括所有专业的设计图纸(含图纸目录、说明、设备表、材料表)、各专业工程计算书、计算机辅助设计软件及资料、施工图预算书,涉及建筑节能、装配式建筑设计的,设计说明及图纸应有相应设计内容。工程设计人需要参加采购人或投资人组织的设计交底和图纸会审会议,详细阐释施工图设计意图及施工中应注意的事项,并应澄清所提出的问题。在工程施工过程中工程设计人需提供设计服务,处理设计变更事宜,还应参加主要分部工程验收和工程竣工验收并签署验收意见。

(4)工程设计管理。工程咨询人根据项目可行性研究报告、工程建设标准及拟建工程范围和采购人或投资人需求,编制工程设计任务书;需要通过设计方案竞赛优选设计方案及设计单位的,工程咨询人应协助组织设计方案竞赛活动,并应参与设计合同谈判及签订工作。检查各阶段工程设计进度计划执行情况,督促设计人完成设计合同约定的工作内容,按计划时间提交相应设计成果。审核工程设计人提交的设计费用支付申请;审查工程设计单位提交的各阶段设计成果质量,并可向工程设计人提出设计方案优化建议;审查设计人提交的设计概算、施工图预算;分析可能发生的工程设计索赔原因,并应制定防范对策。工程设计索赔事件发生后,应协调处理设计延期、费用索赔等事宜。

5. 工程招标采购咨询

工程招标采购咨询,是指工程咨询人根据采购人或投资人委托所开展的工程监理、施工招标代理及材料设备采购管理咨询。

(1)工程监理招标代理。工程咨询人首先应进行工程监理招标策划,划分工程监理标段和选择工程监理招标方式,合理设定工程监理投标条件,并基于策划编制发布招标公告或发出投标邀请书。工程监理招标设有资格预审环节的,工程咨询人需要组织工程监理投标资格预审;基于选定的工程监理合同示范文本,制定合同主要条款,并编制和发出工程监理招标文件。在招标文件评审过程中,遵循“基于能力的选择”原则,组织评标委员会按照招标文件中确定的评标方法进行工程监理评标,并协助采购人或投资人与拟中标监理人进行合同谈判,签订工程监理合同。

(2)工程施工招标代理。工程咨询人首先需进行工程施工招标策划,合理设定施工合同边界和划分工程施工标段,选择工程施工招标方式,合理设定工程施工投标条件,并编制和发布招标公告或发出投标邀请书。工程施工招标设有资格预审环节的,工程咨询人应组织工程施工投标资格预审。工程咨询人应按照工程量清单计价标准要求编制工程量清单,并应合理设定暂估价项目,避免产生不平衡报价和重大偏差项目。基于选定的工程施工合同示范文本,制定合同主要条款,编制和发出工程施工招标文件。招标文件中应合理设定工程款支付条件,重点是安全文明施工费使用支付条款、奖罚条款、工程质量保证条款等。组织评标委员会按照招标文件中确定的评标方法进行工程施工评标(含清标),协助采购人或投资人与拟中标施工承包人进行合同谈判,签订工程施工合同。

(3)材料设备采购代理。工程咨询人受托提供材料设备采购管理的,应先制订材料设备采购计划,并应根据需要分别制定直接采购、询价采购和招标采购管理制度,经采购人或投资人批准后实施。对于需要采用直接采购方式进行采购的,工程咨询人应就每一种直接采购产品提供专门咨询报告,对于超过暂估价的产品应重点报告,并应建立直接采购产品台账。对于需要采用询价采购方式进行采购的,工程咨询人应制定询价采购产品清单,并应编制询价书,明确产品技术要求和主要合同条款,列出拟询价供应商清单,报送采购人或投资人批准。对于需要采用询价采购方式进行采购的,工程咨询人应组织询价小组,向拟询价供应商发出报价邀请并进行资格预审。应制定评比办法,对不少于三家公开报价的单位进行评比,并应根据评比结果推荐预成交供应商,出具询价结果报告报送采购人或投资人。对于需要采用招标采购方式进行采购的,工程咨询人应合理制定招标条件,提出技术要求,发布招标公告或招标邀请函。对于需要采用招标采购方式进行采购的,工程咨询人应编制资格预审文件、招标文件,制定评标办法,经采购人或投资人同意后组织开标评标,并应协助采购人或投资人定标。工程咨询人应制定材料设备进场验收程序,并应将其写入招标文件和合同文件。工程咨询人应协助采购人或投资人进行合同谈判,详细列明付款条件、交货验收要求、交接保存责任等主要条款。工程咨询人应在合同谈判基础上,结合合同示范文本,协助采购人或投资人签订材料设备供货合同,并可监督管理材料设备供货合同履行。

6. 工程监理与施工项目管理服务

在工程施工阶段,工程咨询人既可以根据工程咨询合同从事工程监理或施工项目管理服务活动,也可以从事工程监理与项目管理一体化服务活动。工程咨询人受采购人或投资人委托实施工程监理时,应按相关法律法规及标准要求选派注册监理工程师担任项目总监理工程师,并应对施工监理服务实行总监理工程师负责制。工程咨询人受采购人或投资人委托提供施工项目管理服务时,可协助采购人或投资人办理工程施工许可等相关报批手续。工程咨询人受采购人或投资人委托提供工程监理与项目管理一体化服务时,施工监理服务应实行总监理工程师负责制。

(1)工程监理。工程咨询人在施工现场派驻项目监理机构,并应明确监理人员岗位职责。编制监理规划及监理实施细则,并应按监理规划及监理实施细则要求履行监理职责。项目监理机构应审查施工单位在施工现场的工程质量、安全生产管理制度及组织管理机构,并应检查施工单位主要管理人员和专职安全生产管理人员的配备情况。审查施工单位的试验室及分包单位资质条件,并应在相应报审文件中签署审查意见。审查施工管理人员和特种作业人员资格,并应核查主要施工机械的准用验收文件。审查施工单位提交的施工组织设计、施工方案及专项施工方案,并应监督施工单位执行施工图设计文件和工程建设标准,按照批准的施工组织设计、施工方案及专项施工方案组织施工。审查施工单位报送的工程材料、构配件、设备质量证明文件,并按规定对用于工程的材料、构配件进行见证取样送检。采取巡视、旁站、平行检验等方式对工程质量实施过程控制,对隐蔽工程、分项工程、分部工程和单位工程进行验收,并应在相应报验文件中签署验收意见。审查施工单位提交的施工进度计划,并应检查分阶段进度计划执行情况,通过监理例会等形式协调施工进度问题。审查施工单位报送的工程进度款支付申请,并应按相关规定审查工程变更和索赔申请,协调处理施工进度调整、费用索赔、合同争议等事项。审查施工单位提交的竣工验收和结算申请,编写工程质量评估报告,并应参加工程竣工验收。利用信息化手段管理监理文件资料,并应按照档案管理相关要求进行监理文件资料建档和归档。

(2)施工项目管理服务。对于依法必须实行监理的工程,采购人或投资人需要委托施工项目管理服务时,宜委托工程咨询人提供工程监理与项目管理一体化服务。进行施工项目管理策划,编制施工项目管理服务工作计划。编制项目总体进度计划及其分解计划、专业分包招标计划、采购人或投资人负责采购的材料设备进场计划等,并应采取有效措施分阶段进行落实。建立完善的质量管理体系,并应协助采购人或投资人建立健全质量管理体系,督促工程参建各方主体落实质量管理人员、机构和制度,确保工程质量各方主体质量管理体系健全有效运行。督促相关单位加强施工安全生产管理,并应协助采购人或投资人定期组织安全生产管理联合检查,监督施工单位安全文明措施费使用情况。督促施工单位按照施工合同要求编制和执行施工进度计划,并应监督施工单位对施工进度计划执行情况定期检查和分析。编制资金使用计划,并应结合项目投资分解安排和总体进度计划协助采购人或投资人合理安排资金使用。对于使用政府或国有资金的项目按规定需要进行审计的,工程咨询人可协助采购人或投资人协调工程审计单位全程介入,并应协助和配合工程审计单位的全过程审计工作。处理工程变更和索赔事宜,并应组织审查施工单位提交的竣工结算申请,还可协助采购人或投资人编制工程竣工决算。督促施工单位履行工程质量保修合同。

7. 全过程工程咨询

在项目投资决策、工程建设、运营管理过程中,具备相应条件的工程咨询人,基于采购人或投资人的委托,可采用多种服务方式组合,为项目决策、实施和运营持续提供综合性、跨阶段、一体化的咨询服务,即为全过程工程咨询服务。全过程工程咨询,是采购人或投资人将多类(项)的咨询服务打包委托给一家工程咨询人或工程咨询联合体,其涵盖的范围和阶段由采购人或投资人通过合同界定。工程实践中,全过程工程咨询服务的范围一般是从项目立项之后开始,直至项目建设完成并移交运营,但是勘察与设计是否包含在其中并不一定。

8. 其他专项咨询

(1)项目融资咨询,工程咨询人根据工程咨询合同约定,为采购人或投资人提供项目融资咨询服务。项目融资咨询可以是综合考虑各类融资模式的总体咨询,也可以是针对某一特定融资模式的专题咨询。项目融资咨询应以投资机会研究及项目投资决策为基础,在初步确定项目投资需求和预期效益后,确定项目投资结构,进行项目融资决策分析,设计项目融资结构,策划和拟定项目融资方案。项目投资结构确定环节,需设计项目采购人或投资人各项权益的法律拥有形式、项目投资人之间的法律关系、收益分配方式、债务责任及会计处理等内容,并应通过编制合资协议、股东协议、公司章程等文件予以明确。项目融资决策分析环节,需设计项目融资渠道和方式、融资具体任务和目标,并应初步研究和设计项目融资结构,分析比较可能的融资方案。项目融资结构设计环节,需设计项目资金与债务资金的比例、股本结构比例和债务结构比例,并应分析和评价项目融资的实现条件及风险因素。编制项目融资方案,分析项目资金来源的可靠性和融资结构的合理性,并分析项目融资成本及融资风险。承担项目融资咨询的工程咨询人,一般需要协助采购人或投资人进行项目融资谈判。项目融资谈判应坚持双赢或多赢原则,既能最大限度地保护采购人或投资人利益,又能形成贷款金融机构所接受的融资方案,并应在此基础上起草项目融资有关文件。谈判成功,承担项目融资咨询的工程咨询人应协助采购人或投资人签署项目融资有关文件,也可协助采购人或投资人实施项目融资方案。

(2)工程造价咨询,工程咨询人可根据工程咨询合同约定,为采购人或投资人提供覆盖项目投资决策和建设实施全过程或其中若干阶段的造价咨询服务。在项目投资决策阶段,工程咨询人可编制或审核项目投资估算,并可编制或审核项目经济评价报告。在项目设计阶段,工程咨询人可编制或审核项目设计概算、施工图预算,并可针对设计方案优化、限额设计方案进行工程造价比较分析。在项目发承包阶段,工程咨询人可编制或审核工程量清单、标底或最高投标限价,并可进行合同策划,拟订工程合同中有关造价条款;还可审核投标报价文件,并协助采购人或投资人签订工程承包合同。在项目施工阶段,工程咨询人可协助采购人或投资人编制资金使用计划,进行工程计量及预付款、进度款支付审核,并可确定工程变更、索赔费用,进行工程造价动态分析和审核合同价款调整等工作。在项目竣工阶段,工程咨询人可审核工程结算报告,并可编制或审核工程竣工决算报告,配合审计部门完成工程竣工决算审计工作。

(3)信息技术咨询,工程咨询人可根据工程咨询合同约定,针对信息技术系统集成或某一特定信息技术应用,为采购人或投资人在项目投资决策、建设实施乃至运营维护阶段提供数字化解决方案。以建筑信息建模技术为核心,综合集成地理信息系统、物联网、大数据、人工智能等现代信息技术,为采购人或投资人提供数字化整体解决方案。进行充分的需求调研和技术分析,并结合信息技术发展趋势和数字化实践经验,为采购人或投资人编制数字化建设总体方案,并提出数字化实施策略。在项目投资决策阶段,工程咨询人可通过构建项目仿真模型进行项目场址优选、技术经济及建设条件分析,也可为采购人或投资人策划项目建设实施阶段信息技术应用方案。在项目设计阶段,工程咨询人可构建建筑信息模型,进行设计方案比选、建筑性能模拟分析、交通仿真优化、管线碰撞检测、虚拟仿真漫游、工程算量计价等。在项目施工阶段，工程咨询人可协助采购人或投资人构建以建筑信息模型为核心的协同工作平台，进行施工放样及测量、4D施工模拟及进度管理、质量与安全管理、设备与材料智能管理、5D成本管理等。在项目竣工阶段，工程咨询人可完成工程竣工集成数据模型。在项目运营阶段提供智能运营管理系统、智能资产管理系统、智能空间管理系统、应急管理系统等建设咨询服务。

(4)风险管理咨询，工程咨询人可根据工程咨询合同约定，针对项目投资决策、建设实施及运营维护阶段或其中若干阶段风险管理为采购人或投资人提供咨询服务。采用科学、适宜的方法和工具，按照风险识别、风险评估、风险应对程序为采购人或投资人提供咨询服务。根据工程特点，工程所处的自然、经济、社会及政策环境，工程进展阶段和类似工程风险等信息资料，采用定性与定量相结合的方法进行风险识别，建立工程风险清单。根据类似工程风险概率及损失的统计资料、工程自身情况及所处环境，基于工程风险清单，通过风险评估对风险发生的可能性及风险事件发生后可能导致的损失大小进行定性、定量分析。根据风险评估结果，采购人或投资人风险接受准则及工程实际情况，明确风险应对策略。工程风险应对策略实施过程中，工程咨询人可监测风险应对策略的实施效果，预测已识别风险的变化趋势，同时识别新出现的风险，并应细化或调整风险应对策略。

(5)项目后评价咨询，工程咨询人可根据工程咨询合同约定，为采购人或投资人提供包含项目过程评价、效益评价及可持续性评价的综合评价或针对项目建设或运行中某一问题的专题评价咨询服务。项目过程后评价应考虑对项目投资决策、项目实施准备、项目设计和施工及项目投产运营各阶段工作的总结评价。项目效益后评价应考虑项目经济效益、社会效益及环境效益的综合评价。项目可持续性评价应注重和突出项目可持续性因素，考虑产品需求水平、资源供应能力、企业技术和财务能力等因素。项目后评价应采用有无对比分析方法，定性分析与定量分析相结合。工程咨询人应根据项目后评价工作进度安排，编制项目后评价报告。

(6)建筑节能与绿色建筑咨询，工程咨询人可根据工程咨询合同约定，针对建筑节能或绿色建筑解决方案为采购人或投资人提供咨询服务。建筑节能与绿色建筑咨询应依据有关法律法规、政策、标准及工程咨询合同进行，并应符合上位规划(更高级别规划)对于项目所在片区建筑节能、绿色建筑相关规定。工程咨询人可针对新建、改建和扩建项目,以及既有建筑改造用能情况编制建筑节能报告,并协助采购人或投资人办理节能审查手续。工程咨询人可在详细规划环节编制片区能源专项规划和绿色建筑专项规划。工程咨询人可通过监测、诊断、模拟、计算和优化设计,并通过利用可再生能源、应用高新节能技术及产品等途径,编制既有建筑节能改造方案。工程咨询人可自行开展或委托专业机构对建筑围护结构热工性能、主要用能系统及设备能效进行测评,检验节能效果,并编制节能验收报告。工程咨询人可协助采购人或投资人开发建筑能耗监控平台,收集、统计和分析建筑能耗数据,监控建筑用能状况。工程咨询人可协助采购人或投资人确定项目应执行的绿色建筑评价标准和应达到的目标,策划和优选绿色建筑技术方案,并可为绿色建造提供技术支持。工程咨询人可协助采购人或投资人全面分析绿色建筑认证体系,进行绿色建筑认证评估,并可为完成绿色建筑认证提供全过程技术服务。

(7)工程保险咨询,工程咨询人可根据工程咨询合同约定,为采购人或投资人提供多项工程保险或某一特定工程保险的咨询服务。进行工程保险方案设计,包括保险标的、保险险种、保险费率、承保人、受益人、保险期限等的确定。协助采购人或投资人评价和优选保险人,并可参与工程保险合同谈判和签订。编制工程保险索赔报告,并可协助采购人或投资人实施工程保险索赔。

(二)工程咨询服务人的采购选择

根据《招标投标法》规定,拟进行工程咨询人采购的建设工程属于以下三类项目之一的,即大型基础设施、公用事业等关系社会公共利益、公众安全的项目;全部或者部分使用国有资金投资或者国家融资的项目;使用国际组织或者外国政府贷款、援助资金的项目。并且,满足《必须招标的工程项目规定》中勘察、设计、监理等工程咨询服务的采购,单项合同估算价在100万元以上,必须依法进行招标。不在《招标投标法》所列强制招标工程范围之内的,或属于强制招标工程范围之内,但是合同估算额小于100万元的,采购人可自主决定工程咨询人的选择方式,招标或直接委托。如果,采购人决定采用招标方式的,仍需要根据《招标投标法》规定的程序组织采购。

招标与直接委托方式之外,如果工程建设所需资金来源于财政资金,根据

《政府采购法》第30条的规定，符合下列情形之一的工程服务，可以采用竞争性谈判方式采购工程咨询人：(1)招标后没有工程咨询人投标或者没有合格标的或者重新招标未能成立的；(2)技术复杂或者性质特殊，不能确定详细规格或者具体要求的；(3)采用招标所需时间不能满足用户紧急需要的；(4)不能事先计算出价格总额的。

竞争性谈判，是指采购人通过与多家工程咨询人(不少于3家)进行谈判，最后从中确定中选工程咨询人，并与选定的工程咨询人以书面形式签订委托咨询合同。合同中应当明确履约期限，工作范围，双方的权利、义务和责任，咨询酬金及支付方式，合同争议的解决办法等。

工程咨询人选择过程中需要坚持“能力评价为主、价格竞争为辅”的原则。无论全过程工程咨询，还是专项咨询均属于智力密集型的服务，或称为高智能技术服务。工程咨询服务质量的高低对于建设工程目标的实现具有重要影响，相对于其在目标实现过程中的关键作用和所创造的价值，工程咨询费用占比不足8%。因此，在选择工程咨询人时，不应把工程咨询费用高低作为一个重要标准，更不能作为唯一标准，而应把主要权重放在对工程咨询人的能力以及其为建设工程提供咨询服务的质量评价上。尤其对于规模较大、复杂程度较高的项目，以FIDIC为代表的国际惯例在选择工程咨询时，强调两个方面，一是基于质量的选择(quality based selection)，二是价格由协商产生。这意味着，在以质量为标准的前提下，通过双方协商而不是以投标报价的方式确定工程咨询费用。采购人应首先根据建设工程情况鉴别潜在的具备相关经验的工程咨询人，并基于能够提供的工程咨询服务质量进行排序。接下来，邀请排序最靠前的工程咨询人进行协商洽谈，结合合同与法律要求、工程进度、支付方式及双方对风险的合理分担等，商定工程咨询的服务范围。

四、工程材料设备采购

(一)建设工程材料

1. 建设工程材料类别

建设工程材料可笼统划分为结构材料、装饰材料和某些专用材料。结构材料，是指制造工程受力构件所需要使用的材料，包括：木材、竹材、石材、水泥、混凝土、金属、砖瓦、陶瓷、玻璃、工程塑料、复合材料等。装饰材料，是指用于装饰建筑物内外墙壁、制作内墙，并在装饰的基础上实现部分使用功能的材料，又可分为两类：室内装饰材料与室外装饰材料。按照材料材质及形状来分，室内装饰材料可以分为实材、板材、片材、型材、线材，而材料则有涂料、实木、压缩板、复合材料、夹芯结构材料、泡沫、毛毯等；室外装饰材料主要有水泥砂浆、剁假石、水磨石、彩砖、瓷砖、油漆、陶瓷面砖、玻璃幕墙、铝合金等。专用材料，是指专用于建设工程防水、防潮、防腐、防火、阻燃、隔音、隔热、保温、密封等的材料。

建设工程实际用到的结构材料与建设工程结构类型相关。砖木结构，这类工程的主要承重构件用砖、木构成，其中竖向承重构件如墙、柱等采用砖砌，水平承重构件的楼板、屋架等采用木材制作。砖木结构的主要结构材料是木材、砖或砌块。由于力学工程与工程强度的限制，一般砖木结构是平层（1～3层）。砖混结构，是指建筑物中竖向承重结构的墙、柱等采用砖或者砌块砌筑，横向承重的梁、楼板、屋面板等采用钢筋混凝土结构。建筑物的墙、柱用砖砌筑，梁、楼板、楼梯、屋顶用钢筋混凝土制作，成为砖—钢筋混凝土结构。这种结构多用于层数不多（6层以下）的民用建筑及小型工业厂房，是目前广泛采用的一种结构形式。钢筋混凝土结构，即建筑物的梁、柱、楼板、基础全部用钢筋混凝土制作。梁、楼板、柱、基础组成一个承重的框架，因此也称框架结构。墙只起围护作用，用砖砌筑。此结构用于高层或大跨度房屋建筑中。钢结构，建筑物的梁、柱、屋架等承重构件用钢材制作，墙体用砖或其他材料制成。此结构多用于大型工业建筑。

（1）室外装饰材料

外墙装饰是建筑装饰的重要内容之一，其目的在于提高墙体的抵抗自然界中各种因素如灰尘、雨雪、冰冻、日晒等侵袭破坏的能力，并与墙体结构一起共同满足保温、隔热、隔声、防水、美化等功能要求。所以外墙装饰材料应兼顾保护墙体和美化墙体的两重功能。常用的外墙装饰材料有：

①陶瓷类装饰材料：陶瓷外墙面砖坚固耐用，色彩鲜艳而具有丰富的装饰效果，并具有易清洗、防火、抗水、耐磨、耐腐蚀和维修费用低的优点。

②建筑装饰石材：包括天然饰面石材（大理石、花岗石）和人造石材。天然饰面石材装饰效果好，耐久，但造价高。人造石材具有重量轻、强度高、耐腐蚀、

价格低、施工方便等优点。

③幕墙玻璃:玻璃制品具有控制光线调节热量、节约能源、改善建筑物环境、增加美感等优点。包括玻璃锦砖、釉面玻璃、钢化玻璃、彩色玻璃等。

④铝扣板等金属装饰板材综合经济效益显著。

⑤外墙涂料:涂料是指涂敷于物体表面能与基层牢固黏结并形成完整而坚韧保护膜的材料。建筑外墙涂料是现代建筑装饰材料中较经济的一种材料,施工简单、工期短、工效高、装饰效果好、维修方便。外墙涂料具有装饰性良好、耐污染、耐老化、施工维修容易和价格合理的特点。

(2)室内装饰材料

室内材料分为实材、板材、片材、型材、线材五个类型。

①实材

实材,即原材,主要是指原木及原木制成。在装修预算中,实材以立方为单位。常用的原木有杉木、红松、榆木、水曲柳、香樟、椴木,比较贵重的有花梨木、榉木、橡木等。在装修中所用木方主要由杉木制成,其他木材主要用于配套家具和雕花配件。

②板材

板材,主要是把各种木材或石膏加工成块,统一规格为1220毫米×2440毫米的产品。常见的有防火石膏板(厚薄不一)、三夹板(3毫米厚)、五夹板(5毫米厚)、九夹板(9毫米厚)、刨花板(厚薄不一)、复合板(10毫米厚);还有花色板,有水曲柳、花梨板、白桦板、白杉王、宝丽板等,其厚度均为3毫米;再有是比较贵重一点儿的红榉板、白榉板、橡木板、柚木板等。在装修预算中,板材以块为单位。

③片材

片材,主要是把石材、陶瓷、木材、竹材加工成块的产品。石材以大理石、花岗岩为主,其厚度基本上为15~20毫米,品种繁多,花色不一。陶瓷加工的产品是常见的地砖及墙砖,可分为六种:一是釉面砖,面滑有光泽,花色繁多;二是耐磨砖,也称玻璃砖,防滑无釉;三是仿大理石镜面砖,也称抛光砖,面滑有光泽;四是防滑砖,也称通体砖,暗红色带格子;五是马赛克;六是墙面砖,基本上为白色或带浅花。

④型材

型材,主要是钢、铝合金和塑料制品。其统一长度为4米或6米。钢材用于装修方面主要为角钢,其次是圆条,最后是扁铁,此外,还有扁管、方管等,适用于防盗门窗的制作和栅栏、铁花的造型。铝材主要为扣板,宽度为100毫米,表面处理均为烤漆,颜色分红、黄、蓝、绿、白等。铝合金材主要有两色,一为银白,一为茶色。不过也出现了彩色铝合金,主要用途为门窗料。铝合金扣板宽度为110毫米,在家庭装修中,也用于卫生间、厨房吊顶。塑料扣板宽度为160毫米、180毫米、200毫米,花色很多,有木纹、浅花色,底色均为浅色。塑料开发出的装修材料有配套墙板、墙裙板、门片、门套、窗套、角线、踢脚线等,品种齐全,在预算中型材以根为单位。

⑤线材

线材,主要是指木材、石膏或金属加工而成的产品。木线种类很多,长度不一,主要由松木、梧桐木、椴木、榉木等加工而成。其品种有:指甲线(半圆带边)、半圆线、外角线、内角线、墙裙线、踢脚线,材质好些的如椴木、榉木,还有雕花线等。宽度小至10毫米(指甲线),大至120毫米(踢脚线、墙角线)。石膏线分平线、角线两种,一般都有欧式花纹。平线配角花,宽度为5厘米左右,角花大小不一;角线一般用于墙角和吊顶级差,大小不一,种类繁多。除此之外,还有不锈钢、钛金板制成的槽条、包角线等,长度1.4米。在装修预算中,线材以米为单位。墙面或顶面处理材料,有308涂料、888涂料、乳胶漆等。软包材料,包括各种装饰布、绒布、窗帘布、海绵等,还有各色墙纸,宽度为540毫米,每卷长度为10米,花色品种多。油漆类,分为有色漆、无色漆两大类。有色漆有各色酚醛油漆、聚氨酯漆等;无色漆包括酚醛清漆、聚氨酯清漆、哑光清漆等。在装修预算中,涂料、软包、墙纸和漆类均以平方米为单位,漆类有的以桶为单位。

2. 建设工程材料的采购供应

建设工程材料采购,可选用的采购方式,包括招标、竞争性谈判、询价和单一来源采购。建设工程中材料既可以由承包人采购,也可以由发包人(建设单位)采购。如果材料清单与价格已经在承包人合同价格中明确(不属于暂估价),承包人可自由选择采购方式。如果材料是由发包人采购或者承包人合同价格中材料费是暂估价的,其采购方式选择需要符合相关法律法规的限制。具体如下:

(1)招标采购

工程实践中,需要通过招标采购的材料比较少见。建设工程材料采购,如果同时满足以下条件的,需要通过招标方式完成采购,即:

①属于大型基础设施、公用事业等关系社会公共利益、公众安全的项目;全部或部分使用国有资金投资或者国家融资的项目;使用国际组织或使用外国政府贷款、援助资金的项目。

②材料采购单项合同估算价在200万元以上。

此外,属于依法必须进行招标的项目范围(满足以上条件第①项),且以暂估价形式(未经过实质竞争)包括在项目总承包范围内的材料,且达到单项合同估算价在200万元以上的,也必须依法进行招标。

(2)竞争性谈判

建设工程材料经招标采购后没有供应商投标、没有合格标的或者重新招标未能成立的;技术复杂或者性质特殊,不能确定详细规格或者具体要求的;采用招标所需时间不能满足用户紧急需要的;不能事先计算出价格总额的。符合上述情形之一,采购人即可通过与多家供应商(不少于三家)进行谈判,最后从中确定中标材料供应商。

(3)询价采购

对于采购现成的而并非按采购人要求的特定规格特别制造或提供的标准化建设工程材料,货源丰富且价格变化弹性不大的采购内容,采购人可通过询价采购方式,即通常所说的货比三家,完成建设工程所需材料的采购。询价是一种相对简单而又快速的采购方式。询价就是采购人向有关材料供应商发出询价通知书让其报价,然后在报价的基础上进行比较并确定最优材料供应商的一种采购方式。与其他采购方式相比有以下两个明显特征:一是邀请报价的供应商数量应至少有三家;二是只允许材料供应商报出不得更改的报价。

(4)单一来源采购

单一来源采购,也称直接采购,它是指达到了限额标准和公开招标数额标准,但所购建设工程材料的来源渠道单一,或属专利、首次制造、合同追加、原有采购项目的后续扩充(添购金额不超过原合同采购金额的10%)和发生了不可预见的紧急情况不能从其他材料供应商处采购等情况。该采购方式的最主要特点是没有竞争性,采购活动处于一对一的状态,且采购人处于主动地位。

(二)建设工程设备

1.建设工程中需要采购的设备

工程设备是指构成或计划构成永久工程一部分的机电设备、金属结构设备、仪器装置及其他类似的设备和装置,包括:基本建设项目中的设备(新建的或扩建的);企业技术改造中的设备。

建筑设备是保证建筑物正常使用或环境舒适的必要设备,是建筑物的重要组成部分,包括:

(1)电气动力照明系统,以提供照明为基础的系统,包括自然光照明系统、人工照明系统及二者结合构成的系统,常见之电气动力照明系统有配电室、配电线路,配电柜箱。

(2)给排水系统,是为人们的生活、生产、市政和消防提供用水和废水排除设施的总称,由供水设备、排水设备;消防给水设备、喷淋给水设备组成。

(3)空调系统,用于改善室内的温度、湿度、洁净度和气流速度,由空调机组、水箱、加压水泵、循环水泵、水处理设备、末端设备、水管风管构成。

(4)综合布线,是指按标准、统一、简单的结构化方式编制和布置各种建筑物(或建筑群)内各种系统的通信线路,还包括建筑物外部网络或电信线路的连接点与应用系统设备之间的所有线缆及相关的连接部件,如电话网络、监控保安、有线电视。

(5)智能化设备,是为了实现建筑物的安全、高效、便捷、节能、环保、健康等属性,以建筑物为平台,各类智能化信息感知设备与仪器的综合应用,常见如设备运行监视监控、智能停车系统、智能安防等。

(6)电梯设备,是一种以电动机为动力的垂直升降机,装有箱状吊舱,用于多层建筑乘人或载运货物。也有台阶式,踏步板装在履带上连续运行,俗称自动扶梯或自动人行道。现代电梯主要由曳引机(绞车)、导轨、对重装置、安全装置(如限速器、安全钳和缓冲器等)、信号操纵系统、轿厢与厅门等组成。

2.建设工程设备的采购

《招标投标法》与《政府采购法》中建设工程设备采购与建设工程材料采购是一体化的规定,即设备与材料的采购方式、采购程序与限制性规定是完全相同的。所以,建设工程设备采购可选用的采购方式,包括招标、竞争性谈判、询价和单一来源采购等。建设工程合同相关示范文本也将设备与材料的采购供应作了一体化规定，即建设工程设备与材料一样，可以由承包人采购，也可以由发包人（建设单位）采购。

建设工程设备采购与材料采购差异之处，主要表现在：（1）部分建设工程设备需要根据工程设计要求进行订制式生产，此类情形下的设备采购，实质上是前置的订单式采购，即设备是为建设工程所特别订制的，采购时要预留设备的生产与交付周期。（2）设备采购达到一定规模的，或属于企业长期多次重复采购的设备，在建设工程实践中多采用集中采购的方式，如房屋建筑项目中电梯设备，企业根据一年内计划采购的电梯设备总量，进行集中一次或多次采购，各项目只要向集中采购的中选供应商提交电梯技术指标与安装要求即可，不再运作采购流程。

Chapter 05
第五章
建设工程勘察与设计

一、建设工程勘察

（一）工程勘察程序

工程勘察在建设工程建设中起龙头作用，是提高建设工程投资效益、社会效益与环境效益的基础手段。工程勘察需要查明、分析、评价建设工程场地的地质地理环境特征和岩土工程条件，一般分为可行性研究勘察、初勘、定测和补充定测四个阶段。每个勘察阶段都有其特定作用与目的，但四个勘察阶段所遵循的基本程序为：通过可行性研究勘察，对拟建场地的稳定性和适宜性进行评价，确定建设工程选址的可行性。初勘是对选址场地地质水文情况做一个大致勘察，并对场地内拟建建筑地段的稳定性作出评价。详勘是要弄清楚选址场地每一个地层岩土情况，通过做原位实验、土工实验，确定地基承载力，进而采取合适的基础形式和施工方法。详细勘察应按单体建筑物或建筑群提出详细的岩土工程资料和设计、施工所需的岩土参数；对建筑地基作出岩土工程评价，并对地基类型、基础形式、地基处理、基坑支护、工程降水和不良地质作用的防治等提出建议。

（二）工程勘察方法

工程勘察方法需要根据勘察阶段、勘察内容和深度不同加以选择。其中,可行性研究勘察是在规划阶段所选定的建筑区内进行的,其任务是选定工程地质条件最有利的建筑场地,应符合建设工程场地选择与确定的要求,并为建筑物类型和规模的确定提供工程地质资料,勘察方法以资料收集为主。初步勘察以符合初步设计或扩大初步设计要求为目的,以地质调查和测绘为主,有重点的进行勘察与实验。详细勘察以符合施工图设计为目的,以勘探和试验为主,对重点和初勘未查明的地段进行工程地质调查和测绘。场地条件复杂或有特殊要求的工程,需要进行施工勘察。场地较小且无特殊要求的工程可合并勘察阶段。当建筑物平面布置已经确定,且场地或其附近已有岩土工程资料时,可根据实际情况,直接进行详细勘察。

1. 勘察资料收集

工程勘察需要收集的资料包括:地域地质资料,如地层、地质构造、岩性、土质等;地形、地貌资料,如区域地貌类型及主要特征,不同地貌单元与不同地貌部位的工程地质评价等;区域水文地质资料,如地下水的类型、分带及分布情况,埋藏深度、变化规律等;各种特殊地质地段及不良地质现象的分布情况、发育程度与活动特点等;地震资料,如沿线及其附近地区的历史地质情况,地震烈度、地震破坏情况及其与地貌、岩性、地质构造的关系等;气象资料,如气温、降水、蒸发、温度、积雪、冻积深度及风速、风向等;其他有关资料,如气候、水文、植被、土壤等;工程经验、区内已有公路、铁路等其他土建工程的工程地质问题及其防治措施等。

2. 工程地质调查与测绘

工程地质调查与测绘的范围应包括拟建场地及其附近地区,工作内容包括收集、研究已有的地质资料并进行现场踏勘、调查和必要的测绘,通过调查,查明地形、地貌特征,地貌单元形成过程及其与地层、构造、不良地质现象的关系,划分地貌单元;明确岩土的性质、成因、年代、厚度和分布。对岩层应查明风化程度,对土层应区分新近堆积土、特殊土的分布及其工程地质条件;在城市应注意调查冲填土、素填土、杂填土等的分布、回填年代和回填方法以及物质来源等;注意调查已被填没的河、塘、滩地等的分布位置、深度、所填物质及填没的年代;还要注意井、墓穴、地下工程、地下管线等的分布位置、深度、范围、结构形式、构筑年代和材料等;查明岩层的产状及构造类型,软弱结构面的产状及其性质,包括断层的位置、类型、产状、断距、破碎带的宽度及充填胶结情况,岩、土层接触面及软弱夹层的特性等,第四纪构造活动的形迹、特点与地震活动的关系;查明地下水的类型、补给来源、排泄条件,井、泉的位置,含水层的岩性特征、埋藏深度、水位变化、污染情况及其与地表水系的关系等;收集气象、水文、植被、土的最大冻结深度等资料;调查最高洪水位及其发生时间、淹没范围等;查明岩溶、土洞、滑坡、泥石流、崩塌、冲沟、断裂、地震灾害和岸边冲刷等不良地质现象的形成、分布、形态、规模、发育程度及其对工程建设的不良影响;调查人类工程活动对场地稳定性的影响,包括人工洞穴、地下采空、大填大挖、抽水排水以及水库诱发地震等。类似工程和相邻工程的建筑经验和建筑物沉降观测资料,改建、加层建筑物地基基础、沉降观测等资料。

工程地质测绘的基本方法包括:

(1)路线法:沿着一些选择的路线穿越测绘场地,并把观测路线和沿线查明的地质现象,地质界线填绘在地形图上。路线形式有直线形式与“S”线型等,一般用于各类的比例尺测绘。

(2)布点法:根据地质条件复杂程度和不同的比例尺,预先在地形图上布置一定数量的观测点及观测路线,布点适用于大、中比例尺测绘。

(3)追索法:沿地层、构造和其他地质单元界线布点追索,以便查明某些局部的复杂构造,追索法多用于中、小比例尺测绘。

已有航摄资料可用于绘制工程地质图的方法:

(1)立体镜判释:立体镜是航空相片立体观察仪器。利用判断标志,结合所需测绘的区域地质资料,将判明的地层、构造、岩性、地貌、水文地质条件、不良地质现象等,调绘在单张相片上,并据以确定需要调查的地点和路线。

(2)实地调查测绘:对判释的内容通过实地调查测绘进行核对、修改与补充。重要的地质点应刺点纪录。

(3)绘制工程地质图:根据地形、地貌、地物的相对位置,将测绘在相片上的地质资料,利用转绘仪器绘制于等高线图上,并进行野外核对。

3. 工程地质勘探

工程地质勘探的主要任务是探明地下有关地质情况,如地层、岩性、断裂构造、地下水位、滑动面位置等。为深部取样及现场原位试验提供场所,利用勘探坑孔可以进行某些项目的长期观测工作以及物理地质现象处理工作。工程地质勘探的方法,包括:

(1)挖探

挖探是工程地质勘探中最常用的一种方法,可分为剥土、探坑、探槽、探井(分竖井、斜井)、平硐等,它就是用人工或机械方式进行挖掘坑、槽、井、洞等,以便直接观察岩土层的天然状态以及各地层之间接触关系等地质结构,并能取出接近实际的原状结构土样。该方法的特点是地质人员可以直接观察地质结构细节,准确可靠,且可不受限制地取得原状结构试样,因此对研究风化带、软弱夹层、断层破碎带有重要的作用,常用于了解覆盖层的厚度和特征。

坑探、槽探的缺点是可达的深度较浅,易受自然地质条件的限制,而探井、平硐工期长、费用高,一般在地质条件复杂,用其他手段难于查明情况时才采用。这里只介绍常用的坑探和槽探,探井和平硐请参考相关手册和书籍。

①坑探:用机械或人力垂直向下掘进的土坑,浅者称为试坑,深者称为探井。

坑探断面根据开口形状可分为圆形、椭圆形、方形、长方形等。其断面面积有1米×1米,1.5米×1.5米等不同的尺寸。它的选用是根据土层性质、用途及深度而定。坑探深一般为2~4米。

②槽探:挖掘成狭长的槽形,其宽度一般为0.6~1.0米,长度视需要而定,深度通常小于2米,槽探适用于基岩覆盖层不厚的地方,常用来追索构造线,查明坡积层、残积层的厚度和性质,揭露地层层序等。槽探一般应垂直于岩层走向或构造线布置。

(2)钻探

在工程地质勘察工作中,钻探是广泛采用的一种最重要的勘探手段,它可以获得深部地层的可靠地质资料,一般是在挖探、简易钻探不能达到目的时采用。为保证工程地质钻探工作质量,避免漏掉或寻错重要的地质界面,在钻进过程中不应放过任何可疑的地方,对所获得的地质资料进行准确的分析判断。用地面观察所得的地质资料来指导钻探工作,校核钻探结果。

但在山区道路勘察中使用钻探方法,往往进场条件较困难,"三通一平"等辅助工作量较大,勘察成本高,周期长,钻探主要用于桥梁、隧道、大型边坡及滑坡等不良地质现象的勘探。路基勘察工作中钻探工作量布置尽可能减少,应与地调、物探等其他勘察手段配合使用,以达到减低成本、提高勘察精度的目的。根据钻进时破碎岩石的方法,钻探可分为冲击钻进、回转钻进、冲击—回转钻进、振动钻进、冲洗钻进。

①冲击钻进：是利用钻具的自重形成反复自由下落的冲击力，使钻头冲击孔底以破碎岩石而逐渐钻进，该方法不能取得完整岩芯。

②回转钻进：是在轴心压力作用下利用钻具回转方式破坏岩石的钻进，机械回转钻进可适用于软硬不同的地层。

③冲击—回转钻进：钻进过程是在冲击与回转的综合作用下进行的。适用于各种不同的地层，能采取岩芯，在工程地质勘察中应用也较广泛。

④振动钻进：是利用机械动力所产生的振动力，使土的抗剪强度降低，借振动器和钻具的自重，切削孔底土层不断钻进。

⑤冲洗钻进：是通过高压射水破坏孔底土层从而实现钻进。该方法适用于砂层、粉土层和不太坚硬黏土层，是一种简单快速的钻探方式。但该方法冲出地面的粉屑往往是各种土层的混合物，代表性很差，给地层的判断、划分带来困难，因此一般情况下不宜采用。

4. 室内实验

室内试验，包括岩、土的物理、水理、力学、化学等试验内容，室内试验一般在中心试验室进行。如工程规模大、试验多，可考虑在现场设置工地试验室，就地进行试验。室内试验虽然具有边界条件、排水条件和应力路径容易控制的优点，但是由于试验需要取试样，而土样在采集、运送、保存和制备等方面不可避免地受到不同程度的扰动，特别是对于饱和状态的砂质粉土和砂土，可能根本取不上土样，这使测得的力学指标严重“失真”。因此，为了取得可靠的力学指标，在工程地质勘察中，必须进行一定的相应数量的野外现场原位试验。室内试验的项目应根据工程需要、工况等综合确定，具体试验方法详见有关规范及手册等，在此不再赘述。

5. 工程地质原位测试

岩土力学测试的主要项目有：载荷试验、静力触探试验、动力触探试验、标准贯入试验、十字板剪切试验、旁压试验、现场剪切试验、波速测试、岩土原位应力测试、块体基础振动测试等。水文地质试验的主要项目有：抽水试验、注水（压水）试验、渗水试验、连通试验、弥散试验（示踪试验）、流速及流向测定试验等。此外，还有岩体中地应力的测试及地基工程地质试验。

6. 长期观测

长期观测主要指短期内不能查明的、需要进行多年的季节性观测工作才能掌握其变化规律的工程地质条件。观测工作可以在勘测设计阶段进行，也可以在施工阶段进行，还可以在运营阶段进行。长期观测需要针对工程进行安排，主要内容有以下几方面：(1)与工程有关的地下水的动态观测；(2)对不良地质活动情况的观测与监测；(3)对岩土受到施工作用及其反应情况的监测；(4)对施工和运营使用期的工程监测；(5)对环境条件在施工过程中可能发生的变化进行监测。

(三)工程勘察所用设备

根据住房和城乡建设部在工程勘察企业资质管理中对技术装备的要求，工程勘察需要使用到的技术装备包括室内实验设备、原位设备和物探测试检测设备三类。

1. 室内试验设备

工程勘察企业需要装备的室内试验设备主要有：

(1)固结仪，分为高压固结仪和中低压固结仪。主要用于测定在不同载荷和有侧限的条件下土的压缩性能，可以进行正常慢固结试验和快速固结试验，测定前期固结压力和固结系数，可以做三种类型的试验：原状土—现场取土；重塑土—泥浆预固结土；重压制土—静压实或是动压实、控制以及后处理。

(2)三轴仪，主要用途是测定土的强度和应力应变有关参数，也常用来测定土的静止侧压力系数、消散系数、渗透系统等。仪器构造复杂、操作麻烦。除了用于研究，很少被岩土工程师用于实际的工程勘察设计。

(3)渗透仪，具体设备有常水头渗透仪，用于测定沙质土及含水量砾石的无凝聚性土在常水头下进行渗透度试验的渗透系数；土壤渗透仪，可供测定黏质土在变水头下渗透的试验等。

(4)四联直剪仪，主要用于测定土的抗剪强度，通常采用四个试件在不同的垂直压力下，施加剪切力进行剪切，求得破坏时的剪应力，根据库仑定律确定抗剪强度系数、内摩擦角和凝聚力。

(5)无侧限压缩仪，适用于测定饱和软黏土的无侧限抗压强度及灵敏度。

(6)万能材料试验机，又称万能拉力机或电子拉力机，适用于金属材料及构件的拉伸、压缩、弯曲、剪切等试验,也可用于塑料、混凝土、水泥等非金属材料同类试验的检测。

(7)压力试验机,也称电子压力试验机,主要适用于橡胶、塑料板材、管材、异型材,塑料薄膜、电线电缆、防水卷材、金属丝、纸箱等材料的各种物理机械性能测试。

(8)岩石三轴仪,是研究岩石在多种环境下力学特性及剪切特性的试验设备。

(9)岩石点荷载仪试验设备,是一种用于岩石点荷载试验、测定岩石点荷载强度指数的测试仪器。

室内试验设备还包括磨石机。

2. 原位实验设备

原位测试是在岩土原来所处的位置上或基本上在原位状态和应力条件下对岩土性质进行的测试。常用的原位测试方法有:载荷试验、静力触探试验、旁压试验、十字板剪切试验、标准贯入试验、波速测试及其他现场试验。原位测试设备包括:

(1)载荷试验设备,用于静载荷试验,根据试验对象可分为地基土浅层平板载荷试验、深层平板载荷试验、复合地基载荷试验、岩基载荷试验、桩(墩)基载荷试验、锚杆(桩)试验;根据加载方式可分为:竖向抗压试验、竖向抗拔试验、水平载荷试验。试验使用设备:千斤顶、荷重传感器、位移传感器、百分表,最重要的试验设备是静载荷测试仪。

(2)旁压设备,可测试土壤的原位水平总应力以及有效应力、主应力和次应力方向、初始剪切模量、正交和切向剪切模量、不排水剪力、剪应力/剪应变曲线、空隙水压力、水平固结系数;沙的剪阻力角、扩张角、正交和切向剪切模量等。

(3)静力触探设备,用来查明地层在垂直和水平方向的变化;进行力学分层;确定天然地基承载力和估算单桩承载力;判别砂土液化的可能性;确定软土的不排水抗剪强度;提供软土地基承载力和斜坡稳定性的计算指标。

原位测试设备还包括:扁铲和现场剪切设备。

3. 物探设备

物探测试,即利用重力、磁、电阻、地震等方法来探测地下目标体的地球物

理勘探方法,主要用来探测金属矿藏、石油天然气等能源的分布情况。物探测试检测设备包括:

(1)电法仪,用于寻找地下水,解决人、畜饮用水及工农业用水问题,水文、工程、环境的地质勘探,找断裂带及陷落柱、山体滑坡、煤矿采空区以及金属与非金属矿产资源勘探、能源勘探、城市物探、铁道及桥梁工程勘探。

(2)面波仪,可用于面波、高密度地震映像、脉动测量、折射、剪切波测量、城市爆破振动安全评价桩基检测等。

(3)地震仪,是一种监视地震的发生,记录地震相关参数的仪器。

(4)工程检测仪(波速检测仪),是根据地表脉冲源激震产生的瑞雷面波,基于直达波(P 波、S 波)在弹性分层的半空间介质中传播速度的差异,测试地基土层的动力性质,以评价其动力性能及其对地震反应可能产生的影响。

(5)声波测井仪,是指利用声波在不同岩石中的传播时,速度、幅度及频率的变化等声学特性来研究钻井的地质剖面,判断固井质量的一种测井方法。

(6)探地雷达,是一种无损探测技术装备,利用天线发射和接收高频电磁波来探测介质内部物质特性和分布规律的一种地球物理方法。

(7)桩基动测仪,被广泛应用在桩身的完整性检测中,但是桩头的处理、激震锤的选择等问题都会影响桩身检测的结果和质量。

(8)地下管线探测仪,能在不破坏地面覆土的情况下,快速准确地探测出地下自来水管道、金属管道、电缆等的位置、走向、深度及钢质管道防腐层破损点的位置和大小。

4. 其他设备

除以上设备之外,在工程勘察过程中还需要:

(1)全站仪,即全站型电子测距仪,是一种集光、机、电为一体的高技术测量仪器,是集水平角、垂直角、距离(斜距、平距)、高差测量功能于一体的测绘仪器系统。

(2)钻探设备是能够完成钻孔所必需的一切技术装备的总和,一般包括钻机、钻探用泵、空气压缩机、动力机和传动装置以及与之配套的钻塔、拧管装置等。钻探设备按其装载方式,可分为整体式和组装式;钻探设备依据岩土钻探设备用途可分为工程地质、水文水井、工程施工、岩芯和取样钻探设备等。

(四)工程勘察具体要求

1. 初勘布点要求

初步勘察的勘探工作应符合下列要求:

(1)勘探线应垂直于地貌单元、地质构造和地层界线布置;

(2)每个地貌单元均应布置勘探点,在地貌单元交接部位和地层变化较大的地段,勘探点应予加密;

(3)在地形平坦地区,可按网格布置勘探点;

(4)对于岩质地基,勘探线和勘探点的布置、勘探孔的深度,应根据地质构造、岩体特性、风化情况等,按地方标准或当地经验确定。

2. 详勘布点要求

详细勘察的勘探点布置,应符合下列规定:

(1)勘探点宜按建筑物周边线和角点布置,对无特殊要求的其他建筑物可按建筑物或建筑群的范围布置;

(2)同一建筑范围内的主要受力层或有影响的下卧层起伏较大时,应加密勘探点,查明其变化;

(3)重大设备基础应单独布置勘探点;重大的动力机器基础和高耸构筑物,勘探点不宜少于3个;

(4)勘探手段宜采用钻探与触探相配合,在复杂地质条件、湿陷性土、膨胀岩土、风化岩和残积土地区,宜布置适量探井。

详细勘察的单栋高层建筑勘探点的布置,应满足对地基均匀性评价的要求,且不应少于4个,对密集的高层建筑群,勘探点可适当减少,但每栋建筑物应至少有1个控制性勘探点。

3. 勘察报告

根据《建筑地基基础设计规范》,地基基础设计前应进行岩土工程勘察,编纂的岩土工程勘察报告应达到以下要求:

(1)查明场地和地基的稳定性、地层结构、持力层和下卧层的工程特性、土的应力历史和地下水条件以及有无影响建筑场地稳定性的不良地质作用,评价其危害程度;

(2)提供满足设计、施工所需的岩土参数,确定地基承载力,预测地基变形性状；

(3)建筑物范围内的地层结构及其均匀性，各岩土层的物理力学性质指标，以及对建筑材料的腐蚀性；

(4)地下水埋藏情况、类型和水位变化幅度及规律，以及对建筑材料的腐蚀性；

(5)在抗震设防区应划分场地类别，并对饱和砂土及粉土进行液化判别；

(6)提出地基基础、基坑支护、工程降水和地基处理设计与施工方案的建议；提供与设计要求相对应的地基承载力及变形计算参数，并对设计与施工应注意的问题提出建议；

(7)对于抗震设防烈度等于或大于6度的场地，进行场地与地基的地震效应评价。

当工程需要时，还应提供深基坑开挖的边坡稳定计算和支护设计所需的岩土技术参数，论证其对周边环境的影响；基坑施工降水的有关技术参数及地下水控制方法的建议；用于计算地下水浮力的设防水位等。

根据《岩土工程勘察规范》，岩土工程勘察报告应根据任务要求、勘察阶段、工程特点和地质条件等具体情况编写，并应包括下列内容：①勘察目的、任务要求和依据的技术标准；②拟建工程概况；③勘察方法和勘察工作布置；④场地地形、地貌、地层、地质构造、岩土性质及其均匀性；⑤各项岩土性质指标，岩土的强度参数、变形参数、地基承载力的建议值；⑥地下水埋藏情况、类型、水位及其变化；⑦土和水对建筑材料的腐蚀性；⑧可能影响工程稳定的不良地质作用的描述和对工程危害程度的评价；⑨场地稳定性和适宜性的评价。

此外，岩土工程勘察报告应附下列图件：①勘探点平面布置图；②工程地质柱状图；③工程地质剖面图；④原位测试成果图表；⑤室内试验成果图表。当需要时，可另外再附综合工程地质图、综合地质柱状图、地下水等水位线图、素描、照片、综合分析图表以及岩土利用、整治和改造方案的有关图表、岩土工程计算简图及计算成果图表等。

二、建设工程设计

（一）方案设计

1. 方案设计的特点

方案设计工作是工程项目设计的最初阶段，是初步设计与施工图设计的基础与前提，是具有创造性的也是最关键的环节。方案设计是根据城市规划行政主管部门提供的规划设计要求、工程项目的建设要求，以及项目建设单位给定条件等进行综合构思所提出的对拟建工程项目的初步设想，包括项目设计主题、项目构成、内容和形式。方案设计，一般是通过文字说明、图纸或模型等形式呈现，图纸包括拟建工程的总平面位置图、平面图、立面图、主要剖面图的草图和建筑工程透视图。

建设单位在方案设计完成之后，需向城市规划行政主管部门报送方案设计成果文件。城市规划行政主管部门对方案设计进行审查比较，必要时会组织有关专家参加评审会，审查其总平面布置与交通组织情况、工程周围的环境关系、个体工程体量、造型、色调等，对提交的方案设计成果文件进行技术经济指标分析，最后确定方案设计是否满足规划要求，并提出对方案设计的修改意见。方案设计确定之后，建设单位方可据此委托设计单位进行下阶段的扩初设计和施工图设计。

基于方案设计的要点与审查要求，方案设计具有以下五个方面的特点，即创造性、综合性、双重性、过程性和社会性。

第一，建筑设计是一种创造性的思维活动，建筑功能、地段环境及主观需求千变万化，只有依赖建筑师的创新意识和创造能力，才能灵活解决具体的矛盾和问题，把所有的条件、要求、可能性等物化成为建筑形象，因而培养创新意识与创作能力尤为重要。

第二，建筑设计是一门综合性学科，是一项很繁复的、综合性很强的工作。除了建筑学自身以外，还涉及结构、材料、经济、社会、文化、环境、行为、心理等众多学科，同时建筑类型也是多种多样的，从而决定了建筑师的工作如同乐队指挥一般要照顾到方方面面的角色特点。

第三，建筑设计思维活动具有双重性，是逻辑思维和形象思维的有机结合。建筑设计思维过程表现为“分析研究——构思设计——分析选择——再构思设计”的螺旋式上升过程，在每一“分析”阶段（包括前期的条件、环境、经济分析研究和各阶段的优化分析选择）所运用的主要是分析概括、总结归纳、决策选择等基本的逻辑思维方式；而在各“构思设计”阶段，主要运用的则是跳跃式的形象思维方式。

第四，建筑设计思维活动是一个由浅入深循序渐进的过程。在整个设计过程中，始终要科学、全面地分析调研，深入大胆地思考想象，需要在广泛论证的基础上选择和优化方案，需要不厌其烦地推敲、修改、发展和完善。

第五，建筑设计必须综合平衡建筑的社会效益、经济效益与个性特色三者的关系，在设计过程中需要把握种种关系，满足各个方面的要求，统一地物化为尊重环境，关怀人性的建筑空间与立体形象。

2. 方案设计的方法

方案设计的过程可以分为任务分析、方案构思和方案完善三个阶段。其顺序过程不是单向的、一次性的，而需要多次循环往复才能完成。因此，遵循这样的设计过程，不同的设计者会采用多种方法深入方案创作之中，当然也会针对同一设计任务产生丰富多样的设计结果。总结起来，可大体概括为两种倾向的设计理念及方法，即“先功能、后形式”和“先形式、后功能”两类。任何一种设计方法都是要经过前期的任务分析阶段，即对设计对象的功能环境有了一个比较系统、深入地了解把握之后，开始进行方案构思，然后逐步完善设计方案，直到完成。这两大类设计方法的最大差别主要体现为方案构思的切入点与侧重点的不同。

（1）“先功能、后形式”式方法

“先功能、后形式”是以平面设计为起点，重点研究建筑的功能需求，当确立比较完善的平面关系之后再据此转化成空间形象。这样直接“生成”的建筑造型可能是不完美的，为了进一步完善需反过来对平面作相应的调整，直到满意为止。

“先功能、后形式”的优势在于，其一，由于功能环境要求是具体而明确的，与造型设计相比，从功能平面入手更易于把握，易于操作，因此对初学者最为适合；

其二，因为功能满足是方案成立的首要条件，从平面入手优先考虑功能势必有利于尽快确立方案，提高设计效率。

"先功能、后形式"的不足之处在于，由于空间形象设计处于滞后被动位置，可能会在一定程度上制约对建筑形象的创造发挥。

(2)"先形式、后功能"式方法

"先形式、后功能"则是从建筑的体型环境入手进行方案的设计构思，重点研究空间与造型，当确立一个比较满意的形体关系后，再反过来填充、完善其功能，对体型进行相对的调整。如此循环往复，直到满意为止。

"先形式、后功能"的优点在于，设计者可以与功能等限定条件保持一定的距离，更利于自由发挥个人丰富的想象力与创造力，从而会产生富有新意的空间形象。其缺点是由于后期的"填充"，使调整工作有着相当的难度，对于功能复杂、规模较大的项目有可能会事倍功半，甚至无功而返。因此，该方法比较适合于功能简单、规模不大、造型要求高、设计者又比较熟悉的建筑类型。它要求设计者具有相当的设计功底和设计经验，初学者一般不宜采用。

在实际工程的方案设计中，以上两种方法并非截然对立的，对于那些具有丰富经验的设计师来说，二者甚至是难以区分的。当设计师先从形式切入时，其会时时注意以功能调节形式；而当设计师首先着手于平面的功能研究时，则会同时迅速地构想着可能的形式效果。设计师可能会在两种方式的交替探索中找到一条完美的途径。

3. 方案设计的步骤

方案设计的步骤主要可以分为四个阶段，即设计前期、设计创意、方案表达、深化与修改。各阶段需要提交不同形式与深度的工作成果。

(1)前期准备

①设计任务书解读

设计任务书是方案设计的指导性文件。设计任务书对方案设计工作提出了明确的要求、条件、规定以及必要的设计参数等。设计任务书的主要内容包括项目名称、立项依据、规划要求、用地环境、使用对象、设计标准、房间内容、工艺资料、投资造价、工程相关参数及其他要求。解读设计任务书的目的在于对项目设计条件进行分析，明确工程项目的功能要求、空间特点、环境特点、经济技术因素等。对设计任务书的充分解读有助于设计师目标明确地进行工作。

②设计信息的收集

设计任务书只是工程设计信息的一部分,在充分解读设计任务书的基础之上,还应掌握更加全面的第一手设计资料,获得更充足的设计依据。设计信息收集的途径很多,主要包括实例调研、咨询业主、问卷调查、现场踏勘、调查研究、阅读文献、研究规范、案例剖析等。

③设计条件的分析

a. 外部设计条件分析。外部设计条件分析主要指对方案设计的宏观背景的分析,主要包括对工程项目当地的历史文化、经济条件、技术条件、气候条件的综合分析,还包括对项目的城市区位、交通设施、基础设施、区域未来发展规划等外部条件的分析。充分分析外部设计条件的利与弊,能够为后续的方案设计工作提供直接的依据。

b. 内部设计条件分析。内部设计条件是由里及外制约设计走向的因素,它决定了工程项目的功能布局原则、空间组织方式、形体构成形式等。内部设计条件分析主要侧重于对功能的分析和对技术要求的分析,通常包括基地分析和建筑功能分析两个部分。基地分析主要包括对基地的周边状况(建筑、道路等)、现状、地形地貌、地质、朝向、城市规划法规(用地性质、用地界限、周边红线退界要求、日照间距、容积率、绿化率等)、景观资源等的分析。而建筑功能分析则是指根据设计任务书提出的功能需求,绘制出工程的功能关系因式,并根据具体设计要求进行深入、系统的分析。

④设计案例的分析

设计案例的分析通常有两种方式,一种是进行实例调研,即针对性质与规模相似的已建成项目的实地考察,以获得现场的直观体验;另一种是进行资料分析,即通过查阅图书、文献收集同类型建筑的设计资料,以寻求经验作为创新的基础与依据。

(2)设计创意

设计创意即是确定方案创作的主题与概念。设计创意影响着方案设计的发展方向,传递着工程设计的深层次的思想内涵。一个优秀的设计创意往往能令方案设计作品脱颖而出,就如同优秀的文学作品一样能够打动人心。优秀的设计创意都是设计师对项目进行全面、深入、细致的调查研究后的结果,是设计师对创造对象的文化、环境、功能、形式、经济、技术等方面的综合的、深度的提炼,而绝非凭空想象或闭门造车。

设计创意阶段的工作成果主要是方案设计草图。方案设计草图的特点是开放性和不确定性,即探索多种不同的解决方案,是关于工程的整体性的思考。方案设计草图的实质是一种图示语言与图示思维,它将不确定的、模糊的意象变为视觉可以感知的图形。设计灵感的产生往往是在图示思维的过程中偶然闪现,并成为方案设计创意的起点。图示语言表达出来的形象包含了不同层次的视觉思维的表达,可作为评价、比较、交流、修改设计的依据与基础,成为方案创作过程最好的记录方式。

(3)方案表达

方案设计表达,是指将方案设计创意发展成为承载着具体功能与行为的"形式",并通过图纸、模型(实体模型或计算机虚拟三维模型)、三维动画、视频等形式与手段表达出来。方案设计表达的内容主要有:工程的总平面图、各层平面图、主要立面图、削面图、彩色效果图、实体模型、文字说明等。方案表达阶段的工作成果主要是设计图纸、文本、模型、动画、视频等。

(4)修改深化

方案设计的过程是一个动态的图示思维表达的过程,设计师在此过程中常常需要根据实践中出现的问题不断地进行设计方案的比选、调整与优化,以寻求更好的解决方案,直至拿出最终的设计成果。

4. 方案设计文件的构成与要求

编制的方案设计文件,应当满足编制初步设计文件和控制概算的需要。根据《建筑工程设计文件编制深度规定》的规定,最终形成的方案设计应包括以下内容:

(1)设计说明书,包括各专业设计说明以及投资估算等内容,对于涉及建筑节能、环保、绿色建筑、人防等设计的专业,其设计说明应有相应的专门内容;

(2)总平面图以及相关建筑设计图纸(若为城市区域供热或区域燃气调压站,应提供热能动力专业的设计图纸);

(3)设计委托或设计合同中规定的透视图、鸟瞰图、模型等。

方案设计文件的编排顺序如下：

(1)封面：写明项目名称、编制单位、编制年月；

(2)扉页：写明编制单位法定代表人、技术总负责人、项目总负责人及各专业负责人的姓名，并经上述人员签署或授权盖章；

(3)设计文件目录；

(4)设计说明书；

(5)设计图纸。

根据《民用建筑设计统一标准》(GB 50352—2019)，民用建筑的方案设计应注重建筑群体空间与自然山水环境的融合与协调、历史文化与传统风貌特色的保护与发展、公共活动与公共空间的与塑造，并应符合下列规定：

(1)建筑物的形态、体量、尺度、色彩以及空间组合关系应与周围的空间环境相协调；

(2)重要城市界面控制地段建筑物的建筑风格、建筑高度、建筑界面等应与相邻建筑基地建筑物相协调；

(3)建筑基地内的场地、绿化种植、景观构筑物与环境小品、市政工程设施、景观照明、标识系统和公共艺术等应与建筑物及其环境统筹设计、相互协调；

(4)建筑基地内的道路、停车场、硬质地面宜采用透水铺装；

(5)建筑基地与相邻建筑基地建筑物的室外开放空间、步行系统等宜相互连通。

5. 方案设计的识图与使用

(1)总平面图的识图与使用

总平面图是将拟建工程四周一定范围内的新建、拟建、原有和拆除的建筑物、构筑物连同其周围的地形地貌(道路、绿化、土坡、池塘等)，用水平投影方法和图例所画出的图样。总平面图主要是表示新建工程的位置、朝向、与原有建筑物的关系，以及周围道路、绿化和给水、排水、供电条件等方面的情况。

总平面图的主要任务是确定新建建筑物的位置，在识图时需要重点关注以下内容：

①图名、比例、指北针、风向玫瑰图(风向频率玫瑰图)、图例。

图名，即图纸的名称，附有编号，便于查询。

比例，总图一般1∶500，能够反映各部分尺寸对比。

指北针显示的是建筑物的朝向，一般采用细实线标注，圆的直径为24mm，针尾部宽度3mm，针尖处标注“北”字。

风向频率玫瑰图，是根据某一地区多年平均统计的各个方向吹风次数的百分数值，按一定比例绘制，一般多用8个或16个罗盘方位表示。玫瑰图上所表示风的吹向，是指从外部吹向地区中心的方向，各方向上按统计数值画出的线段，表示此方向风频率的大小，线段越长表示该风向出现的次数越多。

图例，是集中于图纸一角或一侧的图纸上各种符号和颜色所代表内容与指标的说明，作为识图依据。

②场地与四周环境，包括四周原有以及规划的城市道路和建筑物，场地内需保留的建筑物、古树名木、历史文化遗存、现有地形与标高、水体、不良地质情况等，目的是清楚周边建筑与基地之间的空间关系、开放性与封闭性、出入口等信息。图中原有建筑物、构筑物、道路、围墙等可见轮廓线用细实线表示。

③场地范围，即用地和建筑物各角点的坐标或定位尺寸、道路红线，图中用一条粗虚线来表示用地红线，所有拟建房屋不得超出此红线并应满足消防、日照等规范。

④场地内拟建道路、停车场、广场、绿地及建筑物的布置，用于表示主要建筑物与用地界线（或道路红线、建筑红线）及相邻建筑物之间的距离，折断线用于表示拟建工程与周边的分界。

⑤新建建筑的定位、名称、出入口位置、层数与设计标高、室内外标高以及地形复杂时主要道路、广场的控制标高。图中粗实线表示新建工程位置。低层建筑的层数一般用相应数量的小黑点或阿拉伯数字表示，高层建筑的层数是用阿拉伯数字表示。

⑥根据需要绘制的反映方案特性的分析图，如功能分区、空间组合及景观分析、交通分析（人流及车流的组织、停车场的布置及停车泊位数量等）、地形分析、绿地布置、日照分析、分期建设等。

⑦主要技术经济指标表。建筑设计技术经济指标是指对设计方案的技术

经济效果进行分析评价所采用的指标,包括综合指标与局部指标两种。

综合指标是反映整个设计方案技术经济情况的指标,如总投资、单位生产能力投资、单方造价、总产值、总产量、总用地、总面积、投资效果系数、投资回收期等;局部指标反映设计方案某个部分或某个侧面的技术经济效果,如总平面布置、工艺设计、建筑单体设计中所采用的各项指标。

(2)平面图的识图与使用

平面图是用以表达房屋建筑的平面形状,房间布置,内外交通联系,以及墙、柱、门窗等构配件的位置、尺寸、材料和做法等内容的图样,比例为1:100或1:200,图中表达的内容,主要包括:

①平面的总尺寸、开间、进深、柱网尺寸。尺寸单位除竖向标高以米为单位,其余的以毫米为单位。平面图共分为三道尺寸线,与建筑外轮廓线最接近的第一道尺寸线标注门窗洞口尺寸,第二道尺寸线标注轴线的开间进深尺寸,第三道尺寸线(距离建筑外轮廓最远的一道尺寸线)标注建筑总尺寸。方案设计阶段通常要求标注两道尺寸线,即轴线尺寸和建筑总尺寸。

②房间的名称或编号。编号一般注写在直径为8mm细实线绘制的圆圈内,同时在同张图纸上列出房间名称表。

③结构受力体系中的柱网、承重墙位置。柱网是分区与房间的容器,表明了分区以及重要房间所占的网格数,可以快速准确的定位房间。承重墙指支撑着上部楼层重量的墙体,在图上为黑色墙体,一般地讲,砖混结构的房屋所有墙体都是承重墙;框架结构的房屋内部的墙体一般都不是承重墙。

④各楼层地面标高、屋面标高。标高表示建筑物各部分的高度,是建筑物某一部位相对于基准面(标高的零点)的竖向高度,是竖向定位的依据。图中经常有一个小小的直角等腰三角形,三角形的尖端或向上或向下,这是标高的符号。

⑤底层平面应标明剖切位置。剖切符号一般由两部分组成,分别为长边—位置线,短边—方向线,长短两边互相垂直。剖切位置线即所要表示的垂直面与水平面的切线。剖切方向线则相当于一个箭头,其指向即为人眼所看向的方向,短边指向左侧,表示的是从右往左看。

(3)立面图

建筑物的某个立面面向哪个方向,就称为哪个方向的立面图。方案阶段立面图包括:立面外轮廓及主要结构和建筑部件的可见部分、总高度尺寸及各楼层层高尺寸、室内外地坪、各层以及屋顶檐口或女儿墙顶标高、屋面突出物标高。

立面图的外形轮廓用粗实线表示;室外地坪线用1.4倍的加粗实线(线宽为粗实线的1.4倍左右)表示;门窗洞口、檐口、阳台、雨篷、台阶等用中实线表示;其余的,如墙面分隔线、门窗格子、雨水管以及引出线等均用细实线表示。

(4)剖面图

建筑剖面图用以表示建筑内部的结构构造、垂直方向的分层情况、各层楼地面、屋顶的构造及相关尺寸、标高等。剖切的位置常取楼梯间、门窗洞口及构造比较复杂的典型部位。剖面图的数量,则根据房屋的复杂程度和施工的实际需要而定。

室内外地坪线用加粗实线表示;被剖切平面剖切到的墙、梁、板等轮廓线用粗实线表示,没有被剖切到但可见的部分用细实线表示,被剖切断的钢筋混凝土梁、板涂黑。

(二)初步设计

1.初步设计的依据

初步设计是最终成果的前身,相当于一幅图的草图,一般在没有最终定稿之前的设计都统称为初步设计。对于技术要求相对简单的民用建筑工程,当有关主管部门在初步设计阶段没有审查要求,且合同中没有做初步设计的约定时,可在方案设计审批后直接进入施工图设计。

初步设计的依据,即初步设计之前需要收集的资料包括:

(1)政府有关主管部门的批文,包括项目的可行性研究报告、工程立项报告、方案设计文件等审批文件的文号和名称;

(2)设计所执行的主要法规和所采用的主要标准(包括标准的名称、编号、年号和版本号);

(3)工程所在地区的气象、地理条件、建设场地的工程地质条件,以及勘察单位提交的勘察报告;

(4)公用设施和交通运输条件;

(5)规划、用地、环保、卫生、绿化、消防、人防、抗震等要求和依据资料；

(6)建设单位提供的有关使用要求或生产工艺等资料。

初步设计人员除了需要掌握以上基本信息和资料之外，还需要通过实地调查和档案馆资料检索的方式收集拟建项目所在位置的周边环境、建筑物现状、市政配套等信息，以及地方关于工程建设的相关规定。

2. 初步设计任务书

设计任务书是建设单位对工程项目设计提出的要求，是工程设计的主要依据。进行可行性研究的工程项目，可以用批准的可行性研究报告代替设计任务书。设计任务书一般应包括以下几方面内容：

(1)设计项目名称、建设地点；

(2)批准设计项目的文号、协议书文号及其有关内容；

(3)设计项目的用地情况，包括建设用地范围地形、场地内原有建筑物、构筑物、要求保留的树木及文物古迹的拆除和保留情况等。还应说明场地周围道路及建筑等环境情况；

(4)工程所在地区的气象、地理条件、建设场地的工程地质条件；

(5)水、电、气、燃料等能源供应情况，公共设施和交通运输条件；

(6)用地、环保、卫生、消防、人防、抗震等要求和依据资料；

(7)材料供应及施工条件情况；

(8)工程设计的规模和项目组成；

(9)项目的使用要求或生产工艺要求；

(10)项目的设计标准及总投资；

(11)建筑造型及建筑室内外装修方面的要求。

设计任务书是对策划工作要点通过系统的分析得出的决策性文件。作为建设工程目标与规划设计工作方向的主要信息传递手段，设计任务书应较全面准确地反映策划结论的主要信息点，使设计成果同样体现系统性、超前性、可行性和应变性的要求。

设计任务书中应包括如下的设计要求：

(1)设计成果的定性要求。设计成果应满足相关专业规范要求，材料设备要求，建筑类型要求，建筑风格要求，目标市场的生活方式要求、市场定位要求等。

(2)设计成果的定量要求。设计成果应符合上级对设计的要求及满足任务书所提供的主要技术经济指标。如容积率指标、户型面积指标、比例指标、公建面积指标、绿化率等。

(3)对未来项目的管理要求。设计成果应充分考虑未来项目建成后的管理需求。如建材选择及构造设计应满足便于维修的要求、智能化管理的要求、垃圾收集方式的要求、管理便利性的要求等。

(4)适应操作弹性的要求。设计工作应考虑建设项目分期开发的要求,设计过程中应对未来市场的变化可能引起的建筑种类、户型等的调整预先考虑。

(5)适当超前的设计要求。鼓励设计单位在满足设计要求的前提下,发挥能动性,力争做到设计创新、技术创新、赋予目标产品高技术含量,提升市场附加值,营造市场卖点。

一份好的设计任务书,既可使设计单位得到明确的总体概念,又能给设计单位留有充分的发挥空间。

3. 初步设计文件构成

初步设计文件的编排顺序,如下:

(1)封面:写明项目名称、编制单位、编制年月;

(2)扉页:写明编制单位法定代表人、技术总负责人、项目总负责人和各专业负责人的姓名,并经上述人员签署或授权盖章;

(3)设计文件目录;

(4)设计说明书,包括设计总说明、各专业设计说明。对于涉及建筑节能、环保、绿色建筑、人防、装配式建筑等,其设计说明应有相应的专项内容;

(5)设计图纸(可单独成册),包括总平面、建筑专业设计文件、结构专业设计文件、建筑电气专业设计文件、给水排水专业设计文件、供暖通风与空气调节设计文件、热能动力设计文件(小型、简单工程除外);

(6)概算书,应单独成册,由封面、签署页(扉页)、目录、编制说明、建设项目总概算表、工程建设其他费用表、单项工程综合概算表、单位工程概算书等内容组成。

4. 初步设计的识图与使用

初步设计图纸阅读的基本顺序:一般按照图纸目录顺序展开阅读,首先阅读总说明,之后分别是建筑施工图、结构施工图、设备施工图;每一张图纸的阅读应先阅读文字说明部分后阅读图样,图样应先阅读基本图样再阅读详图、先阅读图形后阅读尺寸。

(1)总平面

初步设计的总平面专业设计文件,包括设计说明书、区域位置图、总平面图、竖向布置图,以及根据项目实际情况需要增加绘制的交通、日照、土方图等。

区域位置图,是根据需要而绘制的,表明建设工程项目所在的区域位置,周边的行政区划,周边已建、在建、拟建的建筑物等信息。

总平面图,采用俯视投影的绘制方法,多用符号表示,阅读时首先需要熟悉图例符号的含义。其次看清用地范围之内新建、原有、拟建、拆除建筑物或构筑物的位置。再次查看新建建筑物的室内外地面高差、道路标高、地面坡度及排水方向。复次根据风向频率玫瑰图辨别建筑物朝向。最后了解新建建筑物或构筑物自身占地尺寸以及与周边建筑物的相对距离。

如图 5-1 所示,即为某项目的总平面图。

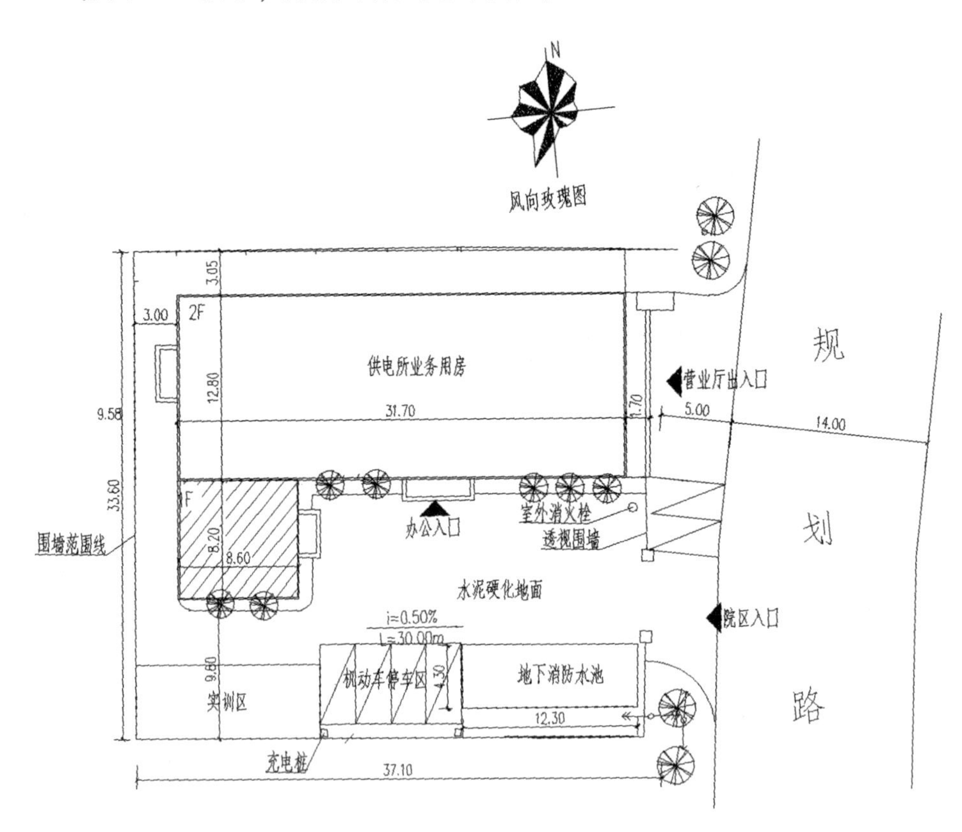

图 5-1 某项目的总平面图

住宅小区的竖向布置图通常是在平面定位图的基础上标明楼座室外坪和道路控制点的绝对高程和排水坡度，景观设计的竖向布置图也是在平面定位图的基础上表明各控制点的标高（既可以是绝对标高，也可以是相对标高）和排水坡度，控制点主要包括道路、广场铺装和绿化种植带。

如图 5－2 所示，即为某住宅小区的竖向布置图。

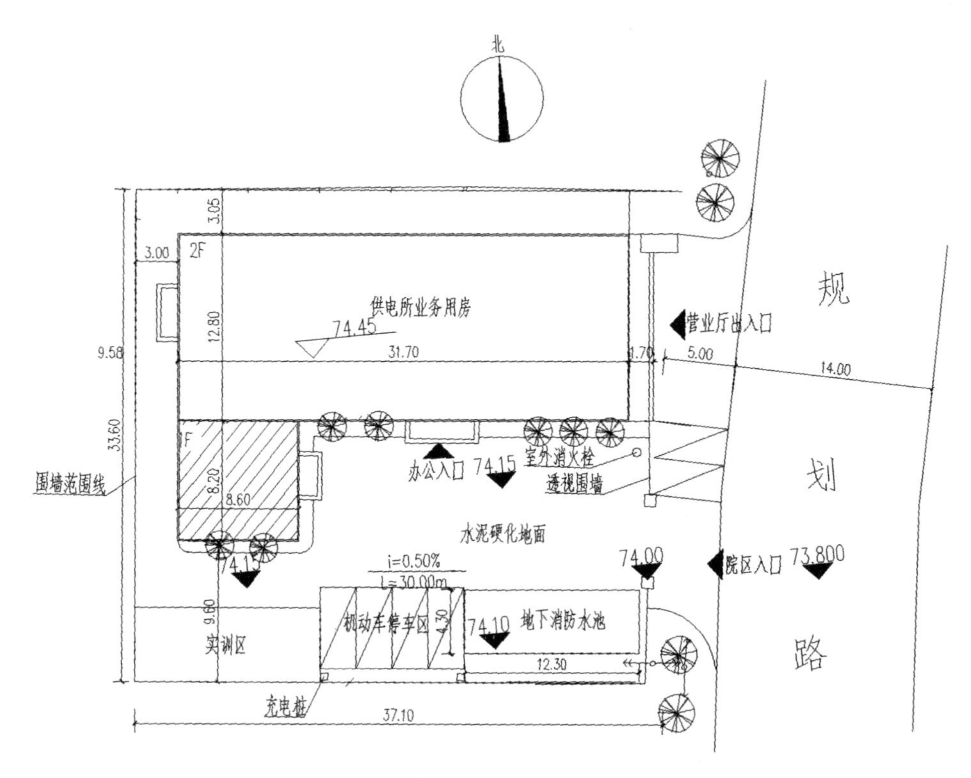

图 5－2　某住宅小区的竖向布置图

（2）建筑专业设计文件

初步设计的建筑专业设计文件，包括设计说明书、平面图、立面图、剖面图、局部的平面放大图或节点详图。

平面图，是用一个水平的剖切平面，在房屋窗台略高一点的位置水平剖开整栋建筑，移去剖切平面上方的部分，对留下部分所做的水平剖视图。如图 5－3、图 5－4 所示，即为某住宅项目的水平剖视图。

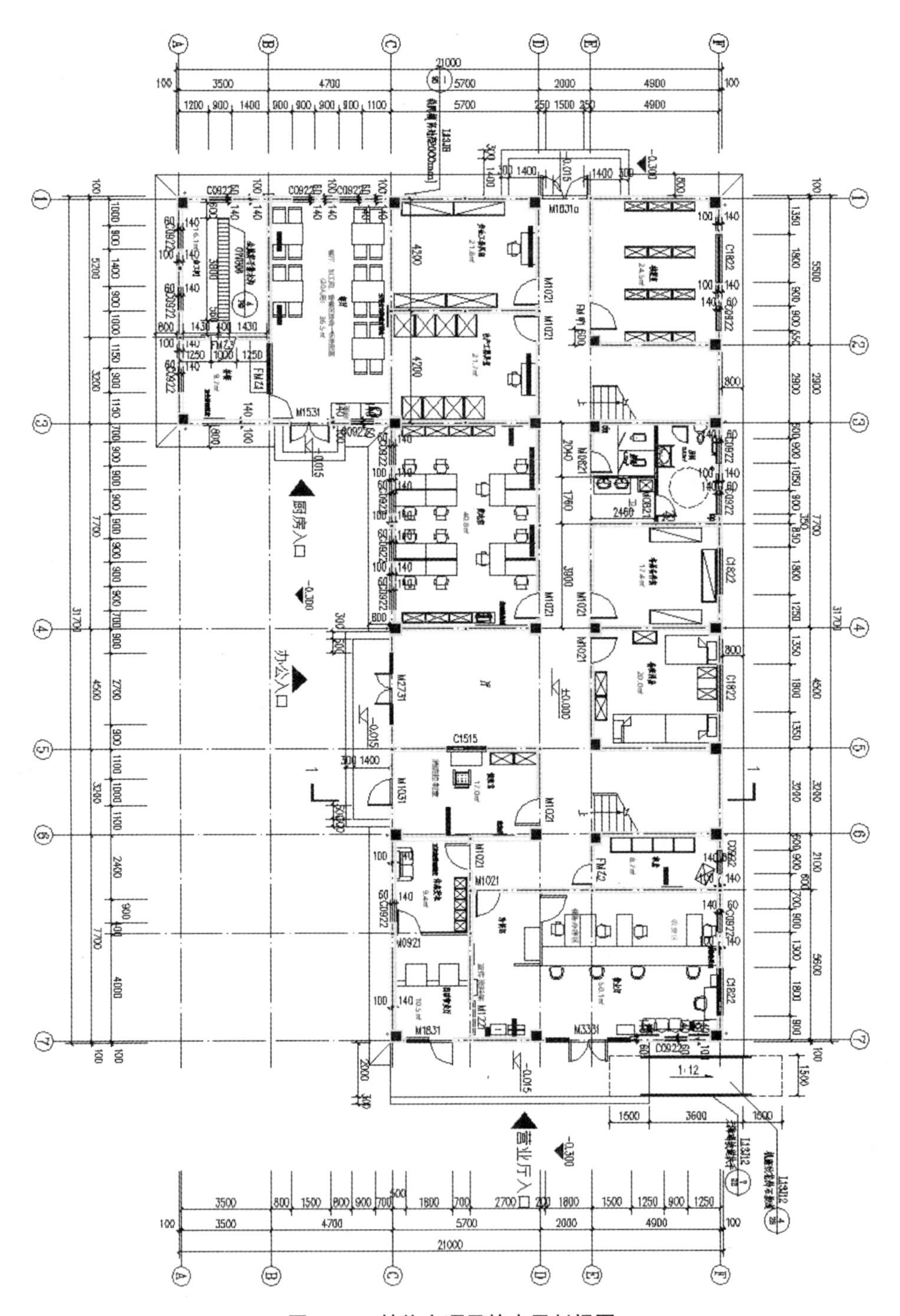

图 5－3 某住宅项目的水平剖视图

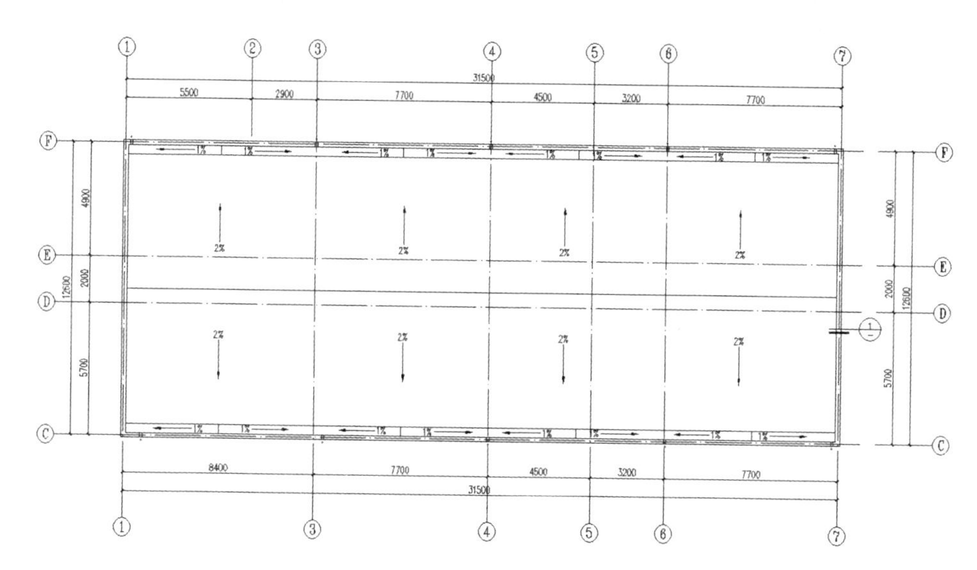

图 5-4　某住宅项目的水平剖视图

原则上,每一楼层均需要绘制一个平面图,标准层可共用一个平面图。平面图阅读时,首先要弄清图名和绘图比例,分清该平面图属于哪一层。之后由低向高逐层阅读平面图,首先从定位轴线开始,根据所标注尺寸看房间的开间和进深,再看墙的厚度或柱子的尺寸,看清楚定位轴线是处于墙体的中央位置还是偏心位置,看清楚门窗的位置和尺寸,尤其应注意各层平面图变化之处。平面图中的剖切位置与详图索引标志也是不可忽视的问题,它涉及朝向与详图所要表达的细致做法。房屋的朝向可通过底层平面图中的指北针来确定。屋顶平面图,是屋面的水平投影图,要标明屋面排水情况,突出屋面的全部构造位置。

立面图,是建筑外墙面在与其平行的投影面上所作的外墙正投影图,是外墙面装饰与安装门窗的主要依据。立面图的命名方法,既可以按照朝向命名,也可以按照定位轴线命名。如图 5-5 所示。

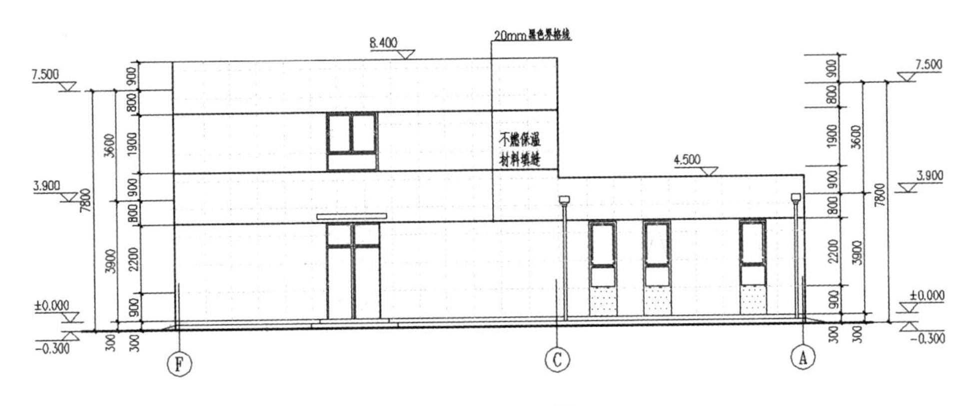

图 5－5　立面图

剖视图，是用一个垂直于横向或纵向轴线的铅锤剖切平面剖切建筑所做的剖视图。阅读剖视图时，需要首先确定剖切位置，然后逐层分析剖到哪些内容，投影看到哪些内容，另需重点关注室内外尺寸与装修做法，如图 5－6 所示。

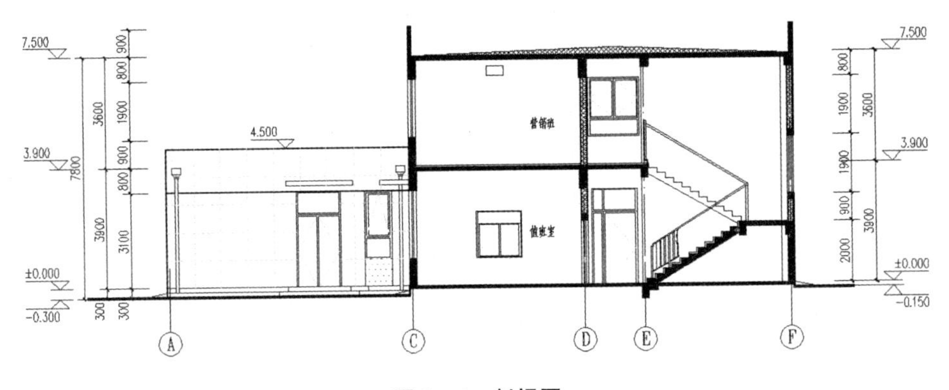

图 5－6　剖视图

(3)结构专业设计文件

初步设计阶段结构专业设计文件应有设计说明书、结构布置图和计算书，其中结构布置图又包括基础平面图及主要基础构件的截面尺寸。主要楼层结构平面布置图，注明主要的定位尺寸、主要构件的截面尺寸；结构平面图不能表示清楚的结构或构件，既可以采用立面图、剖面图、轴测图等方法表示，也可以采用结构主要或关键性节点、支座示意图表示。结构专业设计文件的阅读顺序为先看设计说明书的文字部分，从阅读基础平面图开始到基础结构详图；然后是楼层结构平面布置图、屋面结构平面布置图；之后，结合立面和断面，阅读垂直系统图;最后,阅读构件详图、钢筋图、钢筋表。

楼层结构平面布置图,是假想用一个剖切平面沿着楼板上皮水平剖开后,移走上部建筑物后做水平投影所得到的图样,主要表示该层楼面中的梁、板的布置,构件代号及构造做法等。在结构平面图中,剖到的梁、板、墙身可见轮廓线用中粗实线表示;楼板可见轮廓线用粗实线表示;楼板下的不可见墙身轮廓线用中粗虚线表示;可见的钢筋混凝土楼板的轮廓线用细实线表示。

(4)建筑电气专业设计文件

建筑电气专业设计文件包括:设计说明书,电气总平面图,变、配电系统,配电系统,防雷系统,接地系统,电气消防,智能化系统。

建筑电气专业设计文件识图与使用的基本要求是:先熟悉电气图例符号,弄清图例、符号所代表的内容;再对某部分内容进行重点识读,即看标题栏及图纸目录,了解工程名称、项目内容、设计日期及图纸内容、数量等;看设计说明,了解工程概况、设计依据等,了解图纸中未能表达清楚的各有关事项;设备材料表,了解工程中所使用的设备、材料的型号、规格和数量;看系统图,了解系统基本组成,主要电气设备、元件之间的连接关系以及它们的规格、型号、参数等,掌握该系统的组成概况;看平面布置图,如照明平面图、插座平面图、防雷接地平面图等。了解电气设备的规格、型号、数量及线路的起始点、敷设部位、敷设方式和导线根数等,平面图的阅读可按照以下顺序进行:电源进线—总配电箱干线—支线—分配电箱—电气设备;看控制原理图,了解系统中电气设备的电气自动控制原理,以指导设备安装调试工作;看安装接线图,了解电气设备的布置与接线;看安装大样图,了解电气设备的具体安装方法、安装部件的具体尺寸等。

(5)建筑工程给水排水专业设计文件

建筑工程给水排水专业设计文件应包括设计说明书、建筑小区(室外)给水排水总平面图、建筑室内给水排水平面图和系统原理图、设备及主要材料表、计算书。

阅读主要图纸之前,应当先看说明和设备材料表,然后以系统图为线索深入阅读平面图、系统图及详图。阅读时,应三种图相互对照来看。先看系统图,对各系统做到大致了解。看给水系统图时,可由建筑的给水引入管开始,沿水流方向经干管、立管、支管到用水设备;看排水系统图时,可由排水设备开始,沿排水方向经支管、横管、立管、干管到排出管。

(6)供暖通风与空气调节设计文件

供暖通风与空气调节设计文件应有设计说明书,除小型、简单工程外,初步设计文件还应包括设计图纸、设备表及计算书。设计图纸内容有图例、系统流程图、主要平面图,各种风道可绘单线图。

供暖通风平面图中需要识别的内容包括:热源入口在平面上位置、管道直径、热媒来源、流向等;建筑物内散热设备的平面布置、种类、数量以及散热器的安装方式(明装、暗装);供水干管的布置方式,干管上阀门、附件的位置和型号以及干管直径等;按立管编号理清立管在平面图中的位置及数量;查明膨胀水箱、集气罐及设备的平面位置、规格尺寸。供暖通风的系统图,需要识别从热媒入口到热媒出口的供暖管道、散热设备、主要阀件的空间位置和相互关系的图形;整个供暖系统的组成及设备、管道、附件等的空间布置关系;立管的编号,各管的直径、标高、坡度、散热器的型号和数量、膨胀水箱和集气罐及阀门的位置。通过详图,明确供暖系统和散热器安装、疏水器、减压阀、膨胀水箱的制作和安装具体要求。

通风空调识图的基本顺序与要求是通过平面图了解设备、管道平面布置位置及定位尺寸,用剖面图确定设备、管道在高度方向的位置情况、标高尺寸及管道在高度方向上的走向;在系统图中了解整个系统在空间上的概貌;通过原理图识别空调房间的设计参数,冷(热)源、空气处理机、输送方式等;借助详图了解设备、部件的具体构造、制作安装尺寸和要求。

(7)热能动力

初步设计应有设计说明书,除小型、简单工程外,初步设计还应包括热力系统图、锅炉房平面图、其他动力站房、室内外动力管道、主要设备表、计算书。

5. 初步设计概算

建设项目设计概算是初步设计文件的重要组成部分。概算文件应单独成册。设计概算文件由封面、签署页(扉页)、目录、编制说明、建设项目总概算表、工程建设其他费用表、单项工程综合概算表、单位工程概算书等内容组成。对于使用政府财政资金的投资项目,初步设计概算需经过审批,并作为政府财政资金拨付的依据。

（三）施工图设计

1. 施工图设计文件

施工图设计是建设工程项目设计的最后一个阶段。施工图设计阶段工作主要是工程项目施工图的设计及制作，以及通过设计好的图纸，把设计者的意图和全部设计结果表达出来，作为工程项目施工的依据，是设计和施工工作开展的桥梁。

施工图设计文件包括：

（1）图纸

建设工程项目合同中对于施工图设计所要求的专业设计图纸，一般包含图纸总封面，图纸目录、设计说明和必要的设备、材料表，总平面专业设计文件，建筑专业设计文件，结构专业设计文件，建筑电气专业设计文件，建筑给水排水专业设计文件，供暖通风与空气调节专业设计文件，热能动力专业设计文件。对于涉及建筑节能设计的专业，设计说明中需有建筑节能设计的专项内容。涉及装配式建筑设计的专业，设计说明及图纸中还含有装配式建筑专项设计内容。

（2）工程预算书

对于方案设计后直接进入施工图设计的项目，若合同未要求编制工程预算书，施工图设计文件应包括工程概算书。

（3）各专业计算书

计算书不属于必须交付的设计文件，但应按要求编制并归档保存。

编制施工图设计文件，应当满足设备材料采购、非标准设备制作和施工的需要，并注明建设工程合理使用年限。

2. 施工图设计的方法

建筑平面图的画法步骤：首先，绘制所有的定位轴线，然后画出墙、柱的轮廓线；其次，定门窗洞的位置，画细部，如楼梯、台阶、卫生间等；再次，标注轴线编号、标高尺寸、内外部尺寸、门窗编号、索引符号以及书写其他文字说明，在底层平面图中，还应画剖切符号以及在图外适当的位置画上指北针图例，以表明方位；最后，在平面图下方写出图名及比例等。

建筑立面图的画法步骤：建筑立面图一般应画在平面图的上方，侧立面图或剖面图可放在所画立面图的一侧，首先画室外地坪、两端的定位轴线、外墙轮廓线、屋顶线等；其次，根据层高、各种分标高和平面图门窗洞口尺寸，画出立面图中门窗洞、檐口、雨篷、雨水管等细部的外形轮廓;再次,画出门扇、墙面分格线、雨水管等细部,对于相同的构造、做法(如门窗立面和开启形式)可以只详细画出其中的一个,其余的只画外轮廓;最后,检查无误后加深图线,并注写标高、图名、比例及有关文字说明。

剖面图的画法步骤:画定位轴线、室内外地坪线、各层楼面线和屋面线,并画出墙身轮廓线,画出楼板、屋顶的构造厚度,再确定门窗位置及细部(如梁、板、楼梯段与休息平台等);经检查无误后,擦去多余线条。按施工图要求加深图线,画材料图例;注写标高、尺寸、图名、比例及有关文字说明。

3. 施工图设计文件的识图

一幢建筑物从施工到建成,需要有全套的建筑施工图纸做指导。一般一套图纸有几十张或几百张。阅读这些施工图纸要先从大方面看,然后再依次阅读细小部位,先粗看后细看,平面图、立面图、剖面图和详图结合看。具体说,要先从建筑平面图看起。若建筑施工图第一张是总平面图,要看清楚新建建筑物的具体位置和朝向,以及其周边建筑物、构筑物、设施、道路、绿地等的分布或布置情况;建筑平面图,要看清建筑物平面布置和单元平面布置情况,以及各单元户型情况;将平面图与立面图对照,看外观及材料做法;配合剖面图看内部分层结构;最后看详图了解必要的细部构造和具体尺寸与做法。

阅读建筑施工图时,应注意以下几个问题:

(1)具备用正投影原理读图的能力,掌握正投影基本规律,并会运用这种规律在头脑中将平面图形转变成立体实物。同时,还要掌握建筑物的基本组成,熟悉房屋建筑基本构造及常用建筑构配件的几何形状及组合关系等。

(2)建筑物的内、外装修做法以及构件、配件所使用的材料种类繁多,它们都是按照建筑制图国家标准规定的图例符号表示的,因此,必须先熟悉各种图例符号。

(3)图纸上的线条、符号、数字应互相核对。要把建筑施工图中的平面图、立面图、削面图和详图对照查看清楚,必要时还要与结构施工图中的所有相应部位核对一致。

(4)阅读建筑施工图,了解工程性质,不但要看图,还要查看相关的文字说明。

施工图的识图步骤和方法:

第一,熟悉拟建工程的功能。图纸到手后,先了解本工程的功能;了解功能之后，再形成对工程项目的基本印象，如尺寸和装修状况等；最后识读建筑说明，熟悉工程装修情况。

第二，熟悉、审查工程平面尺寸。建筑工程施工平面图一般有三道尺寸，第一道尺寸是细部尺寸，第二道尺寸是轴线间尺寸，第三道尺寸是总尺寸。检查第一道尺寸相加之和是否等于第二道尺寸、第二道尺寸相加之和是否等于第三道尺寸，并留意边轴线是否是墙中心线。识读工程平面图尺寸，先识建施平面图，再识本层结施平面图，最后识水电空调安装、设备工艺、第二次装修施工图，检查它们是否一致。熟悉本层平面尺寸后，审查是否满足使用要求，例如检查房间平面布置是否方便使用、采光通风是否良好等。识读下一层平面图尺寸时，检查与上一层有无不一致的地方。

第三，熟悉、审查工程立面尺寸。建筑工程建施图一般有正立面图、剖立面图、楼梯剖面图，这些图有工程立面尺寸信息；建施平面图、结施平面图上，一般也标有本层标高；梁表中，一般有梁的上表面标高；基础大样图、其他细部大样图，一般也有标高注明。通过这些施工图，可掌握工程的立面尺寸。正立面图一般有三道尺寸，第一道是窗台、门窗的高度等细部尺寸，第二道是层高尺寸，并标注有标高，第三道是总高度。审查方法与审查平面各道尺寸一样，即第一道尺寸相加之和是否等于第二道尺寸，第二道尺寸相加之和是否等于第三道尺寸。检查立面图各楼层的标高是否与建施平面图相同，再检查建施的标高是否与结施标高相符。建施图各楼层标高与结施图相应楼层的标高应不完全相同，因建施图的楼地面标高是工程完工后的标高，而结施图中楼地面标高仅结构面标高，不包括装修面的高度，同一楼层建施图的标高应比结施图的标高高几厘米。

第四，熟悉立面图后，主要检查门窗顶标高是否与其上一层的梁底标高相一致；检查楼梯踏步的水平尺寸和标高是否有错，检查梯梁下竖向净空尺寸是否大于2.1米，是否出现碰头现象；当中间层出现露台时，检查露台标高是否比室内低；检查厕所、浴室楼地面是否低几厘米，若不是，检查有无防溢水措施；最后与水电空调安装、设备工艺、第二次装修施工图相结合，检查建筑高度是否满足功能需要。

第五，熟悉建筑工程尺寸后，再检查施工图中容易出错的地方有无出错，主要检查内容如下：①检查女儿墙混凝土压顶的坡向是否朝内；②检查砖墙下是否有梁支撑；③结构平面中的梁，在梁表中是否全标出了配筋情况；④检查主梁的高度有无低于次梁高度的情况;⑤梁、板、柱在跨度相同、相近时,有无配筋相差较大的地方,若有,需验算;⑥当梁与剪力墙同一直线布置时,检查有无梁的宽度超过墙的厚度;⑦当梁分别支承在剪力墙和柱边时,检查梁中心线是否与轴线平行或重合,检查梁宽有无突出墙或柱外,若有,应提交设计处理;⑧检查梁的受力钢筋最小间距是否满足施工验收规范要求,当工程上采用带肋的螺纹钢筋时,由于工人在钢筋加工中,用无肋面进行弯曲,所以钢筋直径取值应为原钢筋直径加上约21毫米肋厚;⑨检查室内出露台的门上是否设计有雨篷,检查结构平面上雨篷中心是否与建施图上门的中心线重合;⑩当设计要求与施工验收规范有无不同。如柱表中常说明:柱筋每侧少于4根可在同一截面搭接,但施工验收规范要求,同一截面钢筋搭接面积不得超过50%;⑪检查结构说明与结构平面、大样、梁柱表中内容以及与建施说明有无存在相矛盾之处;⑫单独基础系双向受力,沿短边方向的受力钢筋一般置于长边受力钢筋的上面,检查施工图的基础大样图中钢筋是否画错。

三、勘察设计审批与许可

(一)项目规划设计的审批与许可

城乡规划主管部门负责出具建设工程项目的规划设计条件,对建设工程项目的规划设计方案进行审批,以及对建设工程项目用地规划与工程规划核发相应的许可。

1. 出具规划设计条件

规划条件是城乡规划主管部门依据控制性详细规划,对建设用地以及建设工程提出的引导和控制,依据规划进行建设的规定性和指导性意见。规划条件一般包括规定性(限制性)条件,如地块位置、用地性质、开发强度(建筑密度、建筑控制高度、容积率、绿地率等)、主要交通出入口方位、停车场泊位及其他需要配置的基础设施和公共设施控制指标等;指导性条件,如入口容量、建筑形式与风格、历史文化保护和环境保护要求等。城乡规划行政主管部门在建设单位提出申请后的规定时间内出具规划设计条件,建设单位委托具有相应资质的设计单位根据立项文件、规划设计条件等编制规划设计方案。

2. 审批规划设计方案

规划设计方案编制完成后,建设单位需报城乡规划主管部门初审。初审符合规划设计条件要求的,城乡规划主管部门需上报本级政府,并经本级政府审定后,核发建设用地规划许可证。本级政府批准供地后,城乡规划主管部门在规定时间内完成土地预登记手续。

3. 核发建设工程规划许可证

建设单位在取得土地使用证和项目审批文件及人防工程建设审查批准书后,按规划设计方案绘制项目效果图和施工图并报城乡规划主管部门。城乡规划主管部门对项目效果图和施工图进行初审并报本级政府。本级政府审批后,建设单位按有关规定交纳城市基础设施配套费、建设项目绿化保证金、人防工程易地建设费(需易地建设人防工程的)等费用。有关费用交清后城乡规划主管部门核发建设工程规划许可证。

(二)规划设计方案联合审查

工程建设项目规划设计方案联合审查,是指在工程规划许可阶段,相关职能部门对规划设计方案有关内容进行并行审查并提出审查意见、城乡规划主管部门对各部门审查意见统筹汇总,进一步优化规划方案设计内容、推动项目高效审批的过程。

设计方案联合审查应审查控制性详细规划、规划条件、相关建设条件以及相关技术规定确定的规划控制要求。设计方案联合审查主要内容:

(1)总平面布局、建筑方案、主要规划指标等是否符合规划要求;

(2)人防设施设计规范要求;

(3)装配式建筑设计审核、海绵城市设计要求,供气、供热设施设计规范要求;

(4)城区建设项目配套环卫设施设计规范要求(房地产开发项目)、城市建筑垃圾处置核准;

(5)开发建设项目水土保持方案编制技术规范审核,市政自来水管网未达区域工程建设项目取水许可,节水设施、中水设施、排水设施和供水设施设计规范要求审核,泉水保护区域内的建设项目泉水影响评价审查;

(6)交通影响(出入口)审核;

(7)物业服务用房配置设计规范要求；

(8)建设工程抗震设防要求；

(9)工程建设项目涉及国家安全事项的审查；

(10)绿地率指标审核；

(11)社区办公服务用房设计规范要求审核、养老服务设施用房设计规范要求审核；

(12)公共场所建设项目预防性卫生审查、放射诊疗建设项目职业病危害放射防护要求审核；

(13)电气工程设计规范要求审核、供电用房配置要求审核；

(14)权限内政府投资项目初步设计概算审批；

(15)政府投资的大中型建设工程项目初步设计审查、超限建筑工程抗震设防专项审查。

申请设计方案联合审查,申请人持下列材料向综合受理窗口提出申请:

(1)设计方案联合审查阶段申请表；

(2)建设项目立项批文(可容缺,政府投资项目提供)；

(3)用地批准文件(工业项目可以提交区政府或功能区、开发区管理机构出具的唯一用地凭证或土地成交确认书、不动产权证书,其他工程建设项目、房地产开发项目提交规划条件及土地成交确认书或不动产权证书,政府投资项目提供用地规划许可证或土地划拨决定书、不动产权证书)；

(4)符合国家标准和制图规范的建设工程设计方案成果(除工业、仓储、物流、基础设施类建设项目外,规划建设用地面积 5 公顷以上或者需要分期建设的居住类建设工程,还应提供修建性详细规划成果)；

(5)土地勘测定界图；

(6)地质勘测报告(政府投资项目提供)；

(7)日照分析报告(需进行日照分析的项目提供)；

(8)勘察、设计合同(可容缺)；

(9)区域性评价评估报告书(已经通过区域性综合评价评估的功能区、开发区和连片开发区域内的项目提供)；

(10)水土保持方案报告书/表(已经通过区域性综合评价评估的功能区、开发区和连片开发区域内的项目不提供)；

(11)工程初步设计图纸和概算书(政府投资项目提供);

(12)用电登记表。

(三)初步设计审查

政府投资的建设工程项目初步设计文件编制完成后,建设单位应当向项目所在地设区的市住房城乡建设主管部门申请初步设计审查。

住房城乡建设主管部门组织初步设计审查,初步设计审查包括下列主要内容:

(1)初步设计的主要指标是否符合投资立项、住房城乡建设等主管部门的政策要求,设计单位是否严格执行有关主管部门的审查审批意见。

(2)各有关工程技术规范和标准的执行情况,重点是工程建设强制性标准条文的执行情况。

(3)是否满足国家规定的有关初步设计阶段的深度要求。

(4)有关专业重大技术方案是否进行了技术经济分析比较,是否安全、可靠、适用。

(5)初步设计文件是否满足编制施工招标文件、主要设备材料订货和编制施工图设计文件的需要。

(6)初步设计内容是否合理。主要包括:①各有关专业设计是否符合经济美观、安全实用、绿色低碳、节能环保的要求;②工艺方案是否成熟、可靠,选用设备是否先进、合理,设计方案是否优化;③是否贯彻资源节约原则,综合利用土地、能源、水资源和材料;④采用的新技术、新材料是否安全、可靠、适用。

经技术审查不符合规定条件的,应当要求建设单位、设计单位全面修改,提出修改内容的详细报告,重新进行审查。对未经审查或审查未通过的建设工程项目,有关部门和单位不得办理施工图审查和施工许可等手续。初步设计一经审查通过,任何单位和个人不得擅自修改。确需修改的,应当由原勘察设计单位修改或经其书面同意,由建设单位委托具有相应勘察设计资质等级的建设工程勘察设计单位修改;并由建设单位将调整、修改后的初步设计报请住房城乡建设主管部门重新审查。其中,涉及可行性研究报告、投资规模等主要内容调整的,还须经原项目审批立项部门同意后,再办理有关调整初步设计审查的手续。

（四）施工图审查

施工图审查，是指施工图审查机构按照有关法律、法规，对施工图涉及公共利益、公众安全和工程建设强制性标准的内容进行的审查。施工图审查应当坚持先勘察、后设计的原则。

施工图未经审查合格的，不得使用。从事房屋建筑工程、市政基础设施工程施工、监理等活动，以及实施对房屋建筑和市政基础设施工程质量安全监督管理，应当以审查合格的施工图为依据。

建设单位应当将施工图送审查机构审查，但审查机构不得与所审查项目的建设单位、勘察设计企业有隶属关系或者其他利害关系。送审管理的具体办法由省、自治区、直辖市人民政府住房城乡建设主管部门按照"公开、公平、公正"的原则规定。

审查机构是专门从事施工图审查业务，不以营利为目的的独立法人。审查机构应当对施工图审查下列内容：

（1）是否符合工程建设强制性标准；

（2）地基基础和主体结构的安全性；

（3）消防安全性；

（4）人防工程（不含人防指挥工程）防护安全性；

（5）是否符合民用建筑节能强制性标准，对执行绿色建筑标准的项目，还应当审查是否符合绿色建筑标准；

（6）勘察设计企业和注册执业人员以及相关人员是否按规定在施工图上加盖相应的图章和签字；

（7）法律、法规、规章规定必须审查的其他内容。

工程施工图未经审查合格前，工程项目不得进行地基基础和主体结构施工。未按工程施工工序提交施工图纸和危险性较大分部分项工程方案的，或施工现场不符合安全生产条件的，应由住房和城乡建设部门责令停工整改，并进行诚信扣分；若责任单位未按要求整改完毕擅自开工（复工）的，将视违法违规情况对责任单位或个人按规定进行处理。

(五)事后监管

城乡规划行政主管部门自《建设工程规划许可证》核发之日起,对建筑工程是否按照规划要求建设的情况,进行以单体放样验线,±0.00复测验线、施工过程规划抽查和竣工规划条件核实为主要内容的事中监管及以规划条件核实后协助相应执法部门做好审批情况调查的事后监管。

住房和城乡建设部门对于取得建设工程施工图设计文件审查的建设单位,进行以下监管:

(1)建设单位是否能提供图审合格书,用于现场施工图设计文件是否与网上办理施工图审查备案专用章确定的施工图设计文件一致;

(2)是否存在擅自变更图纸行为(主要指涉及地基基础、主体结构安全以及国家强制性标准条文内容);

(3)是否存在擅自降低建筑节能、工程抗震等级标准的行为;

(4)工程实体与网上审查合格的图纸是否相符。

Chapter 06

第六章

建设工程施工

一、施工准备

(一)施工许可制度

1. 施工许可的范围

根据住房和城乡建设部《建筑工程施工许可管理办法》规定，各类房屋及其附属设施的建造、装饰，配套的线路、管道、设备的安装以及城镇市政基础设施工程，在施工开始之前，都需要由工程的建设单位，向工程所在地县级以上地方人民政府住房和城乡建设主管部门申请领取施工许可证。其中，总投资额在30万元以下或者建筑面积不足300平方米的建设工程项目，可以不申请施工许可。另外，按照国务院规定的权限和程序，已经履行了开工报告批准程序的建设工程项目，亦无须再领取施工许可证。

施工许可证是建设工程项目合法合规开工的凭证，可视为建设工程开工的必要条件之一。

2. 施工许可证申领条件

申请领取建设工程施工许可证，建设工程项目需要具备下列条件，并提交相应的证明文件，方能获得颁发建设工程施工许可证：

(1)依法应当办理用地审批手续的，已经办理建设项目用地审批手续,含建设工程用地预审、建设工程用地许可证明等。

(2)建设工程处于城镇规划区之内的,建设工程已取得城乡规划主管部门颁发的建设工程规划许可证。

(3)施工现场,以及水、电、路等条件基本达到施工的需求,确需征收房屋的,其征收房屋即拆迁的进度符合施工要求。

(4)已走完招标采购的相关程序,确定了工程施工单位,根据项目规模与国家规定,需要具备相应执业资格的人员已经就位,如项目经理人选确定。

(5)建设工程勘察设计等技术资料满足施工需求,施工图设计文件已按规定审查合格,达到工程施工与采购的要求。

(6)应采取具体措施确保工程质量和安全。施工单位编制的施工组织设计具有根据建设项目特点制定的相应质量安全技术措施。建立项目质量安全责任制并实施。专业工程项目制定了专项质量、安全施工组织设计,并按规定办理了工程质量、安全监督手续。

(7)按照《建筑法》规定,在强制监理范围之内的工程,已经通过招标采购等程序委托了监理,按照规定需要具备监理工程师执业资格的人员,如总监理工程师、专业监理工程已经就位。

(8)建设工程项目所需资金已到位。工期不足1年的,已到位资金原则上不低于合同价款的50%;工期在1年以上的,到位资金原则上不低于合同价款的30%。建设单位应当提供自申请日起未拖欠工程款的承诺书或者其他未拖欠工程款的材料,以及银行出具的资金到位证明,并可在条件许可的情况下实施银行付款担保或其他第三方担保。

(9)国家相关法律与行政法规对施工许可规定了其他需要具备条件的,需按照规定一并完成。

(二)施工的现场条件

建设工程施工开始之后,施工机械与作业人员需要进入现场开展施工作业,其中作业人员还需要在现场工作与生活。所以,工程项目的施工需要满足技术资料条件,必要的生活条件,以及相应的作业条件。具体可表述如下:

1. 技术资料条件

施工需要具备的技术资料条件,包括设计图纸资料会审与交付,施工质量和安全保障条件等，具体有：

（1）施工图已经审核完成，设计单位、施工单位、监理单位和建设单位已经进行了图纸的会审，设计图纸中隐含的问题已经处理完成，设计对工程所涉重大质量与安全的技术方案进行了建议与说明。

（2）用于测量放线的水准点与坐标控制点资料齐全，交付施工单位，并且建设单位、施工单位与咨询单位共同完成水准点与坐标控制点的复核，达到拟建工程定位、定点与放线的要求。

（3）施工场地范围内存在水、电、气以及通信电缆等地下管线的，建设单位已经收集完整、真实的地下管线资料，满足施工过程中对地下管线资料保护与确保施工安全的需求。

（4）施工单位已经编制完成可用于工程施工质量与安全保障的相关制度、体系与方案，部分技术方案根据现行法律法规需要经过专家论证和（或）监理等咨询审批的，已经完成了专家论证和（或）审批。

2. 现场人员生活与作业条件

（1）现场最基本的生活与作业条件是有水可用、有电可用、有住宿与办公的临时设施，能够保证行人与车辆（包括材料设备运输的大型车辆）进出现场的道路。

（2）基于地方政府安全文明施工管理要求的，现场作业人员生活、休闲必须设施，如安全围挡、消防安全设施、淋浴房、文化活动室、夜校等。

（3）基于国家和地方政府环保要求的，抑制扬尘、进出场车辆清洗、排水排污等设备与设施。

（4）现场具备材料设备进场之后可以按照材料设备保养、存放规定进行存储、加工、检测的设施与条件，相应的加工制作机具就位。

（5）材料设备吊装，以及施工过程中需要垂直与水平运输的机械设备进场就位，如自行式或塔式起重机械等。

（6）根据建设工程安全生产管理条例及相关规范，现场具备充足的安全防护装具、设施和设备，包括安全帽、安全网、安全带、设备安全防护装具、作业安全防护设施等，能够确保现场人员生活与作业安全。

（7）施工作业所需的工程材料与构配件的生产、运输能够保证工程连续施工作业的需求。

（三）开工的审批

所谓开工审批，一般是指工程施工开工的审批，即建设单位或其所聘用的咨询工程师对建设工程是否具备开始施工的条件进行审核，做出开工时间认定的过程。开工审批之目的，一是确定对参建各方有约束力的实际开工时间，用以推动与约束各参建方按照合同推动建设工程进展；二是确保达到条件再开始施工作业，防止条件不具备下的仓促开工可能导致的施工中断与暂停。

开工审批一般起始于建设工程的总承包方，即施工企业提出开工申请，如表6－1所示。施工企业在开工申请之中，需要详细列明施工企业已经具备的施工资源与条件，包括到场的机械设备、劳务作业人员数量、管理人员数量，以及进场的材料、构配件等。如果施工企业所具备的资源与条件达到工程开工要求，而建设单位或其聘用的咨询工程师不能签发开工通知的，施工企业可以据开工申请之中所列资源进行费用和利润的索赔。所以，从建设单位角度出发，无论是否能够签发开工通知，建设单位均需要组织人员或要求咨询工程师对施工单位所列资源进行核实。按照默认原则，建设单位未对施工单位上报开工申请中所列资源进行核实的，视为建设单位对施工单位资源到位属实的认可。

表6－1　开工报审表

工程名称：　　　　　　　　　　　　　　　　　　　　　　　编号：

致：
我方承担的________________________工程，已经完成了以下各项开工准备工作，具备了开工条件，特申请开工，请核查并核发开工指令。 完成的开工准备工作有： 1. 2. …… 施工单位（章）： 项目经理： 日　　期：
附件：相应证明材料

开工申请的审核，由建设单位的管理人员或其聘用的咨询工程师负责对施工单位的开工申请进行审核。审核内容包括两个方面：一是审核施工单位在开

工申请之中所列出的资源与条件是否属实,是否达到工程开工需要;二是核查建设单位是否做好了工程开工的准备。只有以上两个方面的核实与核查均没有问题,才能做出同意开工的许可或通知,否则只能做出延期开工的通知。从实践之中来看,无法按期开工的原因多属于建设单位没有做好开工的准备,如没有获得建设行政主管部门颁发的施工许可,建设单位应当提供的设计图纸没有就绪,建设工程场地范围内拆迁没有完成,建设单位没有接入水电等公共服务设施等。因建设单位原因延期开工的,施工单位可以就延期内的损失向建设单位提出索赔。

施工单位没有在合同约定时间内递交开工申请的,而建设单位自身的开工准备条件已经完成,此时建设单位或其委托的咨询工程师可直接向施工单位下达开工通知。即使施工单位不能在通知时间开工的,通知时间仍视为正式开工日期,合同工期开始计算,如果因为施工单位不能在通知时间开工原因致使完工时间延误的,施工单位需要承担工期违约责任。

二、施工过程管理

建设工程项目施工过程因不同类别项目,以及项目先天条件差异而不同。在此特将施工现场清理,作为施工过程管理的起始,以完工验收作为施工过程的终止。建设工程施工总体流程设计的原则因条件不同而异,如设计资料齐备、现场条件完善,且工期要求非常紧迫,则按照各单体平行同步施工进行总体流程设计。以建筑物为对象,整个施工一般按照施工准备阶段、土方开挖工程施工阶段、基础施工阶段、地下结构施工阶段、地上结构施工阶段、装饰装修施工阶段、竣工清理及验收 7 个施工阶段进行部署和规划。进场后土方开挖施工,及时提供基础施工工作面,主体结构封顶后及时进入二次结构施工,主体结构完成后进行屋面工程施工,主体结构验收完成后进入室内装饰和机电工程施工,外墙工程可同步施工。

(一)施工现场清理

在施工地范围内,凡有碍工程的开展或影响工程稳定的地面物或地下物都应该清理,清理工作是在开工之前需要完成的,具体包括:

(1)伐除树木。凡土方开挖深度不大于50厘米,或填方高度较小的土方施工,现场及排水沟中的树木,必须连根拔除,清理树墩除用人工挖掘外,直径在50厘米以上的大树墩可用推土机铲除或用爆破法清除。

关于树木的伐除,特别是大树应慎之又慎,凡能保留者尽量设法保留,因为老树大树,特别难得。同时,树木清理需要获得工程所在地园林主管部门的许可。

(2)建筑物和地下构筑物的拆除,应根据其结构特点进行工作,并遵循《建筑施工安全技术规范》的规定进行操作。所有地下结构物、墙基以及其他障碍物的基础应掘除至设计要求的深度。

(3)如果施工场地内的地面地下或水下发现有管线通过或其他异常物体时,应事先请有关部门协同查清,未查清前,不可动工,以免发生危险或造成其他损失。

(4)不符合设计要求的表面土层必须去除。

(5)场地清理完成之后,需经过建设单位或其聘用的咨询工程师检查验收。并将地面修整、铺平,重测地面方格网,挖填土石方的调配图需要经过建设单位或其聘用的咨询工程师检查验收。

(二)土方施工

土方施工是场地清理与平整之后,所紧跟着需要进行的施工项目。

1. 施工准备

土方施工受天气、地质条件,以及原有建筑物的影响,施工之前应做好以下工作:

(1)施工图纸的审阅、分析,并据此拟定相应的技术措施。

(2)当地的水文、气象条件的了解,施工范围内有积水的需要排走,地下水位过高的需要采取降水措施,一般要降至开挖面以下0.5米,然后才能开挖。

(3)施工场地的地质条件的了解,结合勘察设计资料,拟定土方施工方案。

(4)施工范围内的建筑物及管线埋设情况,制定相应的保护措施。

(5)为确定施工范围及挖土或填土的标高,应按设计图纸的要求,用测量仪器在施工现场进行定点放线工作,绘制土方开挖的平面图和横断面图。

2. 土方开挖

土方开挖之前，需要准确确定并反复校核建筑物或构筑物的位置，场地的定位控制线（桩）、标准水平桩及开槽的灰线尺寸，必须经过建设单位或其聘用的咨询工程师的检验。

在施工前，需根据工程规模和特性，地形、地质、水文、气象等自然条件，施工导流方式和工程进度要求，施工条件以及可能采用的施工方法等，研究选定开挖方式。明挖有全面开挖、分部位开挖、分层开挖和分段开挖等。全面开挖适用于开挖深度浅、范围小的工程项目。开挖范围较大时，需采用分部位开挖。如开挖深度较大，则采用分层开挖，对于石方开挖常结合深孔梯段爆破按梯段分层。分段开挖则适用于长度较大的渠道、溢洪道等工程。对于洞挖，则有全断面掘进、分部开挖和导洞法等开挖方式。

土方施工常见的机械与机具，包括：挖土机、推土机、铁锹（尖、平头两种）、手推车、小白线或20号铅丝和钢卷尺以及坡度尺等。选择土方施工机械，需要根据施工区域的地形与作业条件、土的类别与厚度、总工程量和工期综合考虑，以能发挥施工机械的效率来确定。

施工机械选定之后，需要确定开挖的顺序，按照“开槽支撑，先撑后挖，分层开挖、严禁超挖”的原则，贯彻设计要求。

土方开挖过程中，凡是满足放坡条件的，通过计算放坡系数进行放坡。放坡系数（m）是指土壁边坡坡度的底宽 b 与基高 h 之比，即 m = b/h 计算，放坡系数为一个数值，如图 6－1 所示。

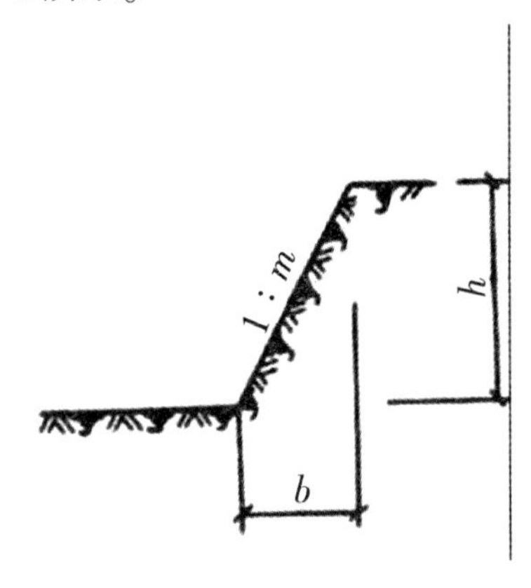

图 6－1　放坡系数

采用机械进行土方开挖,宜从上到下分层分段依次进行。随时做成一定坡势,以利泄水。在开挖过程中,应随时检查边坡的状态。开挖基坑,不得挖至设计标高以下,如不能准确地挖至设计基底标高时,可在设计标高以上暂留一层土不挖,以便在抄平后,由人工挖出。暂留土层挖土机用反铲挖土时,为 50 厘米左右为宜。在机械施工挖不到的土方,应配合人工随时进行挖掘,并用手推车把土运到机械挖到的地方,以便及时用机械挖走。修帮和清底时在距底设计标高 50 厘米槽帮处,抄出水平线,钉上小木撅,然后用人工将暂留土层挖走,水泥搅拌桩头要沿桩开挖,不得破坏,开挖到基底高程,根据截桩高程要求对水泥搅拌桩进行截桩,桩顶修平。同时由轴线(中心线)引桩拉通线(用小线或铅丝),检查距槽边尺寸,确定槽宽标准,以此修整槽边。最后清除槽底土方。

施工区域运行路线的布置,应根据作业区域工程的大小、机械性能、运距和地形起伏等情况加以确定。需要进行夜间施工时,应有足够的照明设施;在危险地段应设置明显标志,合理安排开挖顺序,防止错挖或超挖。

根据地方政府环保管理的相关规定,开挖的土方应外运至建设单位指定的弃土地点,工程运输污染所涉及的道路,按照路政部门的要求及时保洁。

3. 回填

土方回填,是指建筑工程的填土,主要有地基填土、基坑(槽)或管沟回填、室内地坪回填、室外场地回填平整等。对地下设施工程(如地下结构物、沟渠、管线沟等)的两侧或四周及上部的回填,应先对地下工程进行各项检查,办理验收手续后方可回填。

填土前应将基坑(槽)底或地坪上的垃圾等杂物清理干净;回填前,必须清理到基础底面标高,将回落的松散垃圾、砂浆、石子等杂物清除干净。回填应从最低处开始,由下向上整个宽度分层铺填碾压或夯实。填土全部完成后,应进行表面拉线找平,凡超过标准高程的地方,及时依线铲平;凡低于标准高程的地方,应补土夯实。

(三)基础施工

基础是将结构所承受的各种作用传递到地基上的结构组成部分。基础的类型与建筑物上部结构形式、荷载大小、地基的承载能力、地基上的地质、水文情况、材料性能等因素有关。

基础按受力特点及材料性能可分为刚性基础和柔性基础；按构造的方式可分为独立基础、条形基础、柱下十字交叉基础、片筏基础、箱形基础、桩基础等。

(1)按材料及受力特点分类

①刚性基础。刚性基础所用的材料如砖、石、混凝土等，抗压强度较高，但抗拉及抗剪强度偏低。用此类材料建造的基础，应保证其基底只受压，不受拉，如图6－2所示的砖基础。

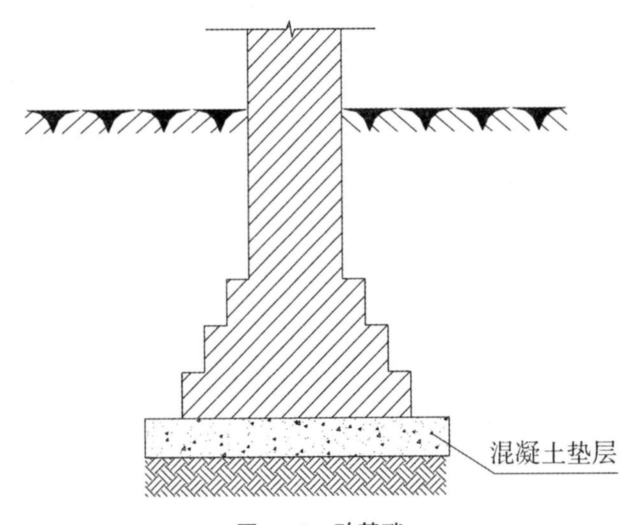

图6－2　砖基础

②柔性基础。鉴于刚性基础受其刚性角的限制，要想获得较大的基底宽度，相应的基础埋深也应加大，这显然会增加材料消耗和挖方量，也会影响施工工期。在混凝土基础底部配置受力钢筋，利用钢筋抗拉，这样基础可以承受弯矩，也就不受刚性角的限制，所以钢筋混凝土基础也称为柔性基础，如图6－3所示的钢筋混凝土基础。在相同条件下，采用钢筋混凝土基础比混凝土基础可节省大量的混凝土材料和挖土工程量。

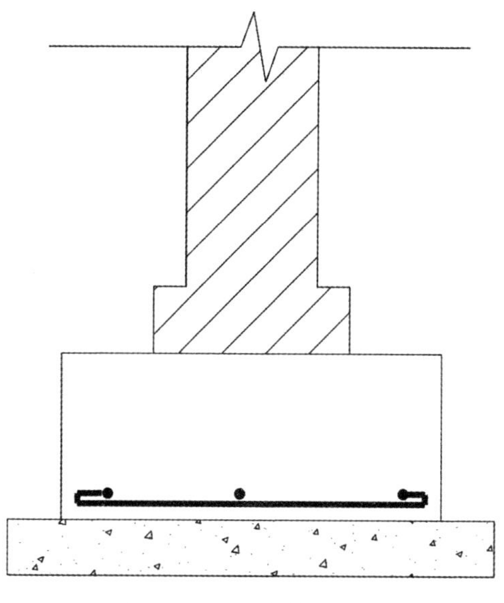

图6-3　钢筋混凝土基础

(2)按基础构造形式分类

①独立基础(单独基础)

独立基础为独立的块状基础,形式有台阶形、锥形、杯形等,一般多为柱下独立基础,如图6-4、图6-5与图6-6所示。当柱为预制时,则将独立基础做成杯形基础,将柱插入杯口,对柱进行临时支撑,然后用细石混凝土将柱周围的缝隙填实。

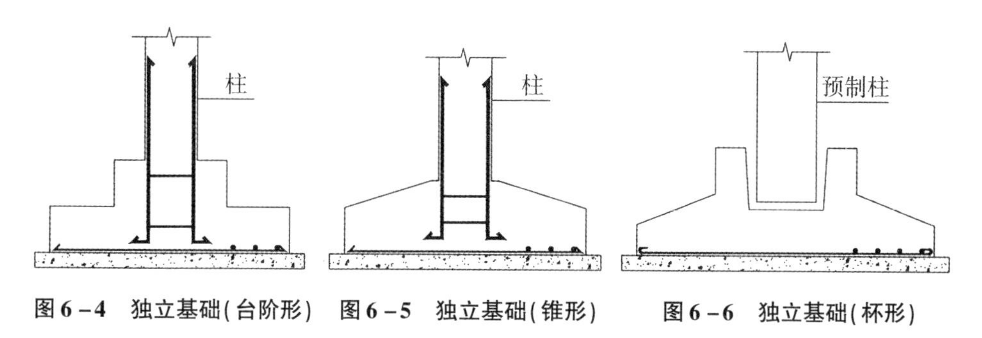

图6-4　独立基础(台阶形)　图6-5　独立基础(锥形)　图6-6　独立基础(杯形)

②条形基础。条形基础是指基础长度远大于其宽度的一种基础形式,也称带型基础。按上部结构形式,可分为墙下条形基础和柱下条形基础。

墙下条形基础,条形基础是承重墙基础的主要形式,常用砖、三合土、灰土、素混凝土等材料建造,如图 6 –7 所示。当上部结构荷载较大而土质较差时,可采用钢筋混凝土建造,墙下钢筋混凝土条形基础一般做成无肋式;如地基在水平方向上压缩性不均匀,为了增加基础的整体性,减少不均匀沉降,也可做成肋式的条形基础,如图 6 –8 所示。

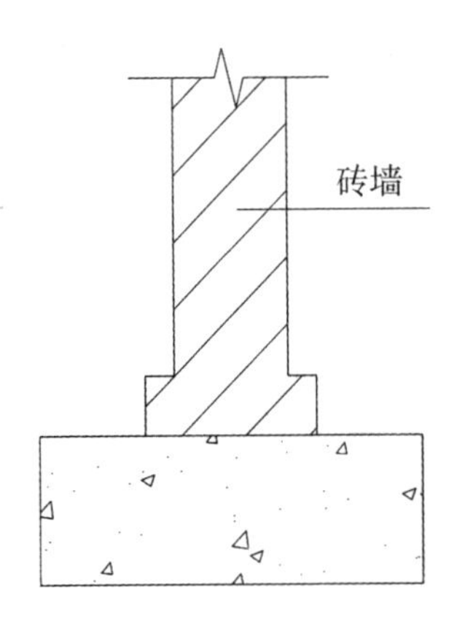

图 6 –7 墙下条基(素混凝土)

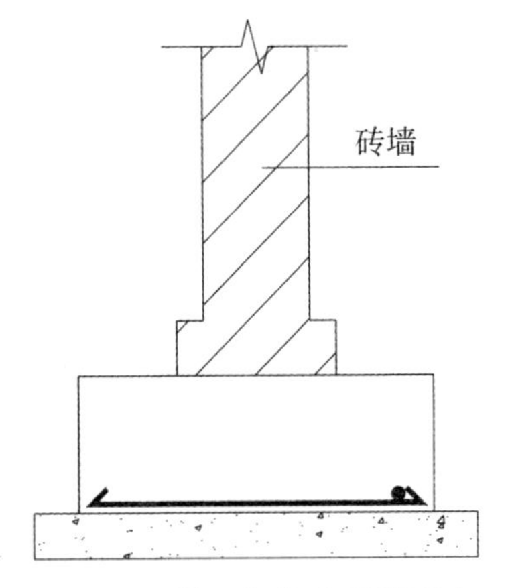

图 6 –8 墙下条基(钢筋混凝土)

柱下钢筋混凝土条形基础,当地基软弱而荷载较大时,采用柱下单独基础,底面积必然很大,因而互相接近。为增强基础的整体性并方便施工,节约造价,可将同一排的柱基础连通做成钢筋混凝土条形基础,如图 6 –9 所示。

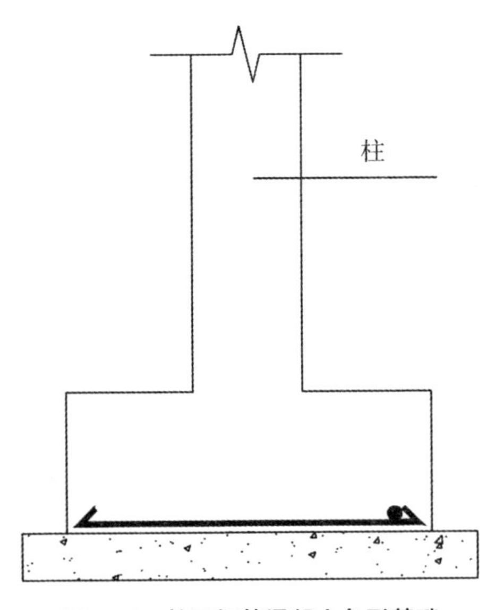

图 6 –9 柱下钢筋混凝土条形基础

③柱下十字交叉基础(井格基础)。当地基条件较差,如土质软弱,为了增强基础的整体刚度,减少不均匀沉降,可以沿柱网纵横方向设置钢筋混凝土条形基础,形成十字交叉基础,如图 6－10 所示。

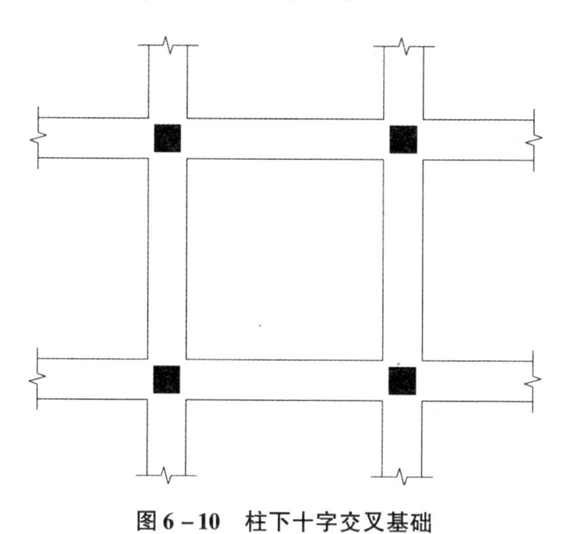

图 6－10　柱下十字交叉基础

④片筏基础,一般是指筏形基础。如地基基础软弱而荷载又很大,采用十字基础仍不能满足要求或相邻基槽距离很小时,可用钢筋混凝土做成混凝土的片筏基础,按构造不同可分为平板式和梁板式两类。平板式筏形基础一般是一块厚度相等的钢筋混凝土平板,如图 6－11 所示。梁板式筏形基础又分为两类:一类是在底板上做梁,柱子支承在梁上,如图 6－12 所示;另一类是将梁放在底板的下方,底板上面平整,可作建筑物底层底面,如图 6－13 所示。

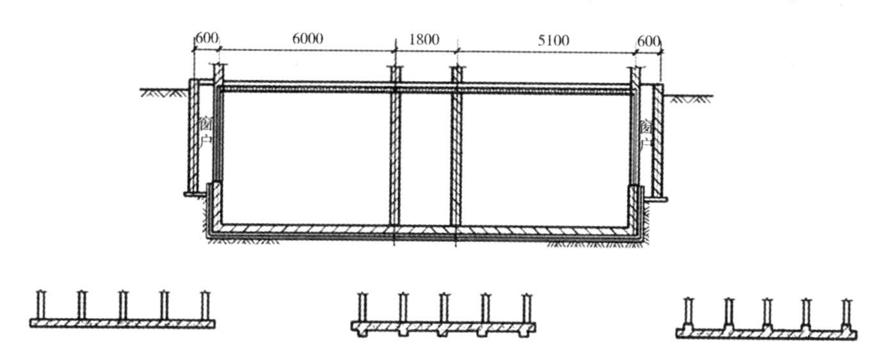

图 6－11　平板式筏形基础　图 6－12　下梁板式筏形基础　图 6－13　上梁板式筏形基础

⑤箱形基础。为了使基础具有更大刚度,大大减少建筑物的相对弯矩,可

将基础做成由顶板、底板及若干纵横隔墙组成的箱形基础，它是片筏基础的进一步发展。一般都是由钢筋混凝土建造，减少了基础底面的附加应力，因而适用于地基软弱、土层厚、荷载大和建筑面积不太大的一些重要建筑物，目前高层建筑中多采用箱形基础，如图 6－14 所示。

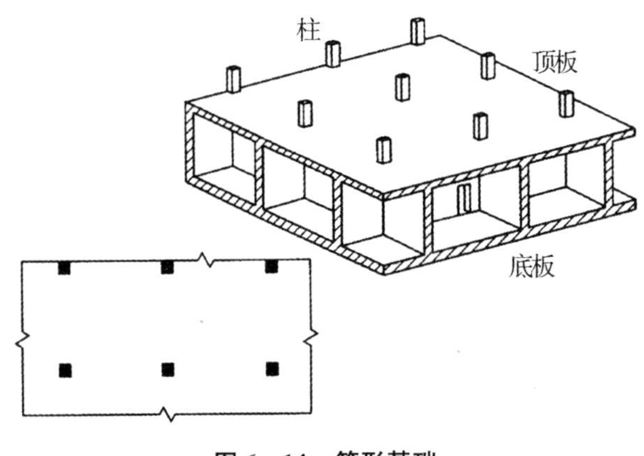

图 6－14　箱形基础

⑥桩基础

桩基由桩身和桩承台组成。桩基是按设计的点位将桩身置入土中的，桩的上端灌注钢筋混凝土承台，承台上接柱或墙体，使荷载均匀地传递给桩基。当建筑物荷载较大、地基的软弱土层厚度在 5 米以上，基础不能埋在软弱土层内或对软弱土层进行人工处理困难和不经济时，常采用桩基础，如图 6－15 所示。

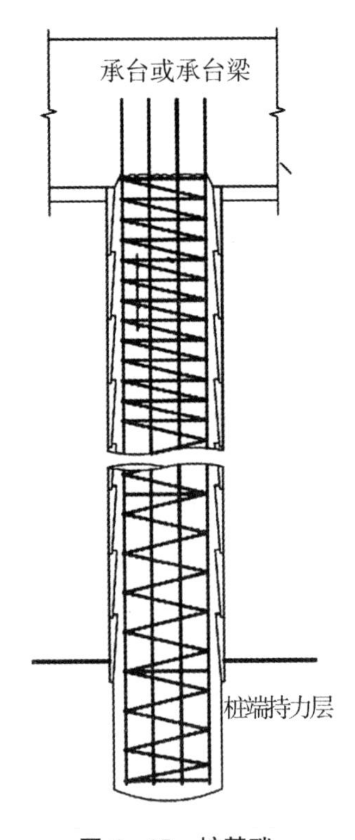

图 6－15　桩基础

不同类型的基础施工，其施工工艺、所需施工机械、所用施工材料存在差异，则其施工顺序也不相同。一般来说，是土方开挖完成，经过基（坑）槽验收之后，先进行垫层施工。垫层是基础与地基土的中间层，作用是使其表面平整便于在上面绑扎钢筋，同时起到保护基础的作用，都是素混凝土的，无须加钢筋。如果采用桩基础，则在场地平整之后先施工桩基，再开挖，之后进行基础施工,基础施工完成,并通过验收之后再进行土方回填。

(四)主体结构施工

主体结构是基于地基与基础之上,接受、承担和传递建设工程所有上部荷载,维持上部结构整体性、稳定性和安全性的有机联系的系统体系,它和地基基础一起共同构成的建设工程完整的结构系统,是建设工程安全使用的基础,是建设工程结构安全、稳定、可靠的载体和重要组成部分。

在砖混结构中,主体结构是梁、圈梁、柱、构造柱、墙、楼梯、板、屋面板。其中,圈梁是连续围合的梁,又叫做环梁,是在房屋的檐口、窗顶、楼层、吊车梁顶或基础顶面标高处,沿砌体墙水平方向设置封闭状的按构造配筋的混凝土梁式构件,如图 6-16 所示。设置圈梁的目的是提高房屋空间刚度、增加建筑物的整体性、提高砖石砌体的抗剪、抗拉强度,防止由于地基不均匀沉降、地震或其他较大振动荷载对房屋的破坏。构造柱是指为了增强建筑物的整体性和稳定性,多层砖混结构建筑的墙体中设置的钢筋混凝土构造柱,并与各层圈梁相连接,形成能够抗弯、抗剪的空间框架,是防止房屋倒塌的一种有效措施。构造柱的设置部位在外墙四角、错层部位横墙与外纵墙交接处、较大洞口两侧、大房间内外墙交接处等。此外,根据房屋的层数不同、地震烈度不同,构造柱的设置要求也不一致。屋面板不是屋顶,只是屋顶的一部分,是现浇或者预制板的结构层,建筑屋面是在结构面层上做完防水层后的顶面,比结构屋面多个防水面层。

框架结构、剪力墙结构、框剪结构或框支结构工程中,主体结构是梁、板、柱、混凝土墙、楼梯工程,对于后砌的填充墙,也叫主体部分,但一般情况下所说的主体封顶就包括后砌的填充墙了。其中,填充在柱子之间的墙称框架填充墙,起围护和分隔作用,重量由梁柱承担,填充墙不承重,如图 6-17 所示。承重墙指支撑着上部楼层重量的墙体,在工程图上为黑色墙体,打掉会破坏整个建筑结构。一般来说,砖混结构的房屋所有墙体都是承重墙;框架结构的房屋内部的墙体一般都不是承重墙。混凝土墙,又称剪力墙、抗风墙、抗震墙或结构墙,是承重墙。房屋或构筑物中主要承受风荷载或地震作用引起的水平荷载和竖向荷载(重力)的墙体,防止结构剪切(受剪)破坏,一般用钢筋混凝土做成。

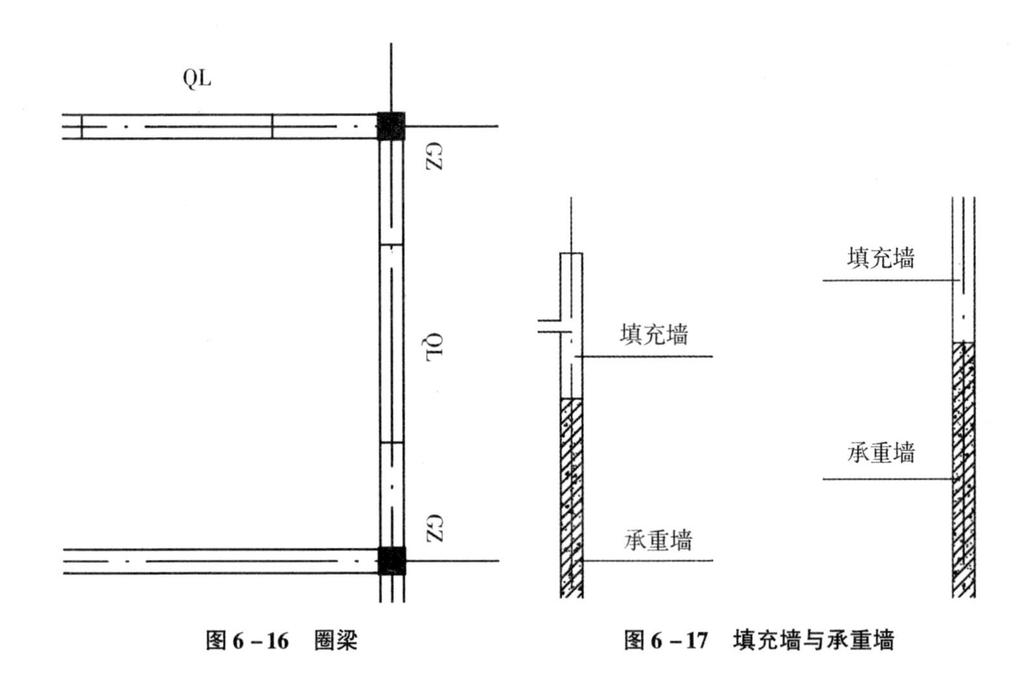

图6－16　圈梁

图6－17　填充墙与承重墙

(五)屋面施工

屋面工程属房屋建筑的分部工程,是一大工程领域,其主体涵盖屋顶上部屋面板及其上面的所有构造层次。屋面工程,一般包含:钢筋混凝土现浇楼面、水泥砂浆找平层、保温隔热层、防水层、水泥砂浆保护层、排水系统、女儿墙及避雷措施等,特殊工程时还有瓦面的施工(挂瓦条),屋面做法如图6－18所示。屋面工程除应安全承受各种荷载作用外,还需要具有抵御温度、风吹、雨淋、冰雪乃至震害的能力,以及经受温差和基层结构伸缩、开裂引起的变形。因此,一幢既安全环保又满足人们使用要求和审美要求的房屋建筑,屋面工程担当着非常重要的角色。

屋面工程的施工顺序为:主体结构封顶,即结构层施工完成之后,按照设计坡度要求进行找平层的施工,之后分别是隔气层与保温层施工。保温层施工过程中要避开雨天。保温层之后是找平层施工,同样需要满足设计要求的屋面坡度,接下来进行防水施工,包括冷底子油结合层与防水层的施工。防水层施工完成之后是保护层施工,其作用是防止防水层受到破坏,而引起渗漏问题。屋面防水应在主体结构封顶后,尽早开始施工,以便为装饰工程施工提供条件。

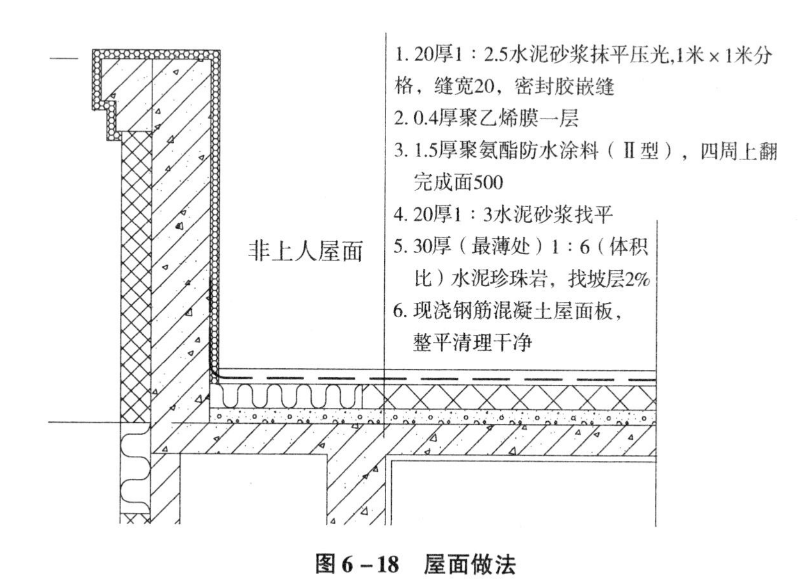

图6－18 屋面做法

（六）设备安装施工

一般的房屋设备由水、电、气、卫、电梯、闭路电视等设备系统组成，其中部分设施设备的建设费用已经分摊进入房屋销售价格之中，称为共用设施设备。房屋共用设施设备是指住宅小区或单幢住宅内共用的上下水管道、落水管、水箱、加压水泵、电梯、天线、供电线路、照明、锅炉、暖气线路、煤气线路、消防设施、绿地、道路、路灯、沟渠、池、井、非经营性车场车库、公益性文体设施和共用设施设备使用的房屋等。管线施工图，如6－19所示。

房屋设备安装工程的施工与土建有关分部分项工程交叉作业，紧密配合。如基础阶段，应先将相应的管沟埋设好，再进行回填土；主体结构阶段，应在砌墙或现浇楼板的同时，预留电线、水管等的孔洞和其他预埋件；装饰阶段，应安装各种管道和附墙暗管、接线盒等。水暖电卫等设备的安装最好在楼地面和墙面抹灰之前或之后穿插施工；室外上下水管道等的施工可安排在土建工程施工之前或与土建施工同时进行。

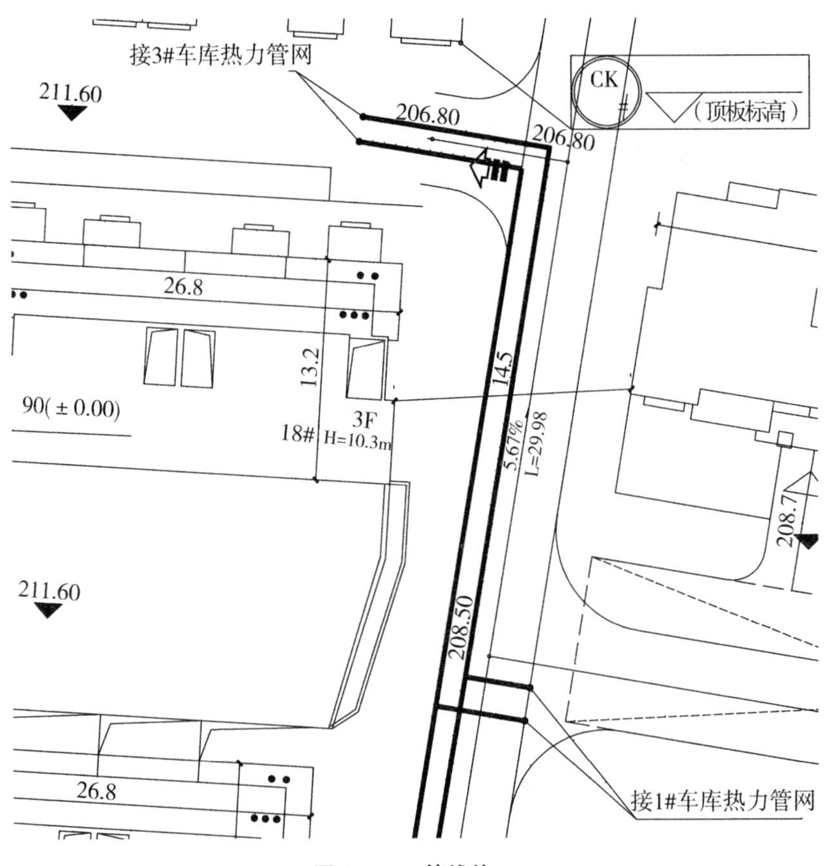

图 6-19　管线施工

（七）外装饰施工

外装饰施工，又称室外装饰工程施工，主要是外墙体装饰的施工，通常用石材、铝塑板、玻璃或外墙涂料根据设计的不同要求进行施工。

从建筑学的角度来讲，围护建筑物，使之形成室内、室外的分界构件称为外墙。外墙的功能有：承担一定荷载、遮挡风雨、保温隔热、防止噪声、防火安全等，具体做法如图 6-20 所示。外墙装饰基本上为建筑的外立面服务，是决定建筑物是否美观的关键因素。主要分为涂料、陶瓷砖、石材、玻璃幕墙四大种类。每种材料和施工工艺的不同选择，造就了建筑物外观的不同风格和形态。

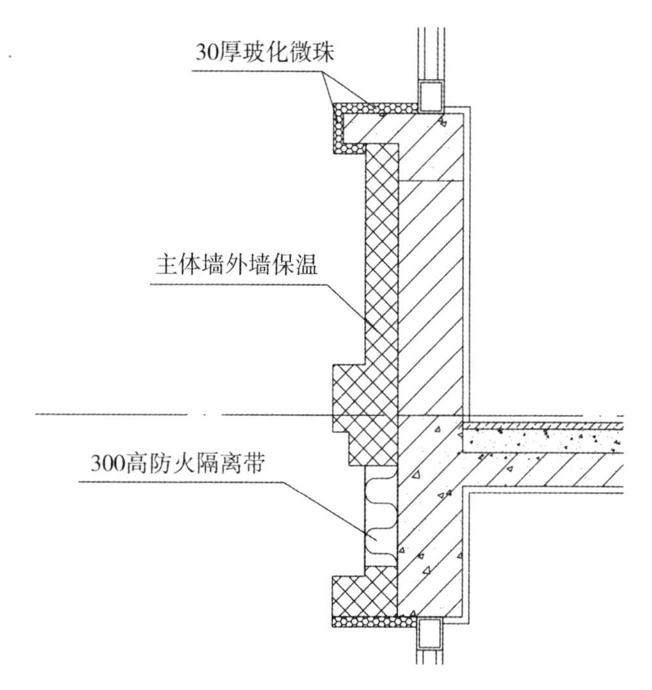

图 6-20 外墙做法

外装饰施工的总体顺序是由上向下展开。

(八)内装饰施工

室内装饰是满足人们的社会活动和生活需要,合理地组织和塑造具有美感而又舒适、方便的室内环境的一种综合性艺术,是环境艺术的一个门类,又称室内设计。

室内装饰又可分为家庭室内装饰、宾馆室内装饰、商店室内装饰、商场购物娱乐影院等公共设施室内装饰等。室内装饰一类依附于建筑实体,如空间造型、绿化、装饰、壁画、灯光照明以及各种建筑设施的艺术处理等,统称为室内装修;另一类依托于建筑实体,如家具、灯具、装饰织物、家用电器、日用器皿、卫生洁具、炊具、文具和各种陈设品,统称为室内陈设,即硬装和软装。

室内装修施工的基本顺序是:进行墙面与顶棚基层的清理,之后基于成品保护之目的,由上向下展开施工作业,先顶棚抹灰施工,再门窗框安装施工,后是墙面抹灰施工。墙面抹灰完成后,固定电气箱盒与敷设水暖管道施工。待门窗扇安装完成之后,进行楼地面工程施工,最后是墙面刷涂料与电气器具安装(包括采暖、上下水设置安装)。室内装饰施工作业完成,清扫干净,即完成了整个室内装饰作业。

(九)管线及管道工程施工

管线道路的施工顺序是先主干、后分支,按此施工顺序能够使得完成部分的工程得以迅速发挥作用。如果先进行分支、管线道路的施工,由于这些管线道路没有与干管、干线和干道接通,它们也就不能发挥工程的效益,上水道不能供水,下水道的水仍然排不出去,煤气、蒸汽、电力也没有来源,道路也不能充分利用。管线道路工程的施工必须要首先完成主干,这样道路也就从与附近干道连接处逐渐通向场内。

三、工程竣工

(一)竣工验收

建设项目竣工验收,是指由建设单位为主组织的项目验收委员会,以项目批准的设计任务书和设计文件,以及国家或部门颁发的施工验收规范和质量检验标准为依据,按照一定的程序和手续,在项目建成并试生产合格后(工业生产性项目),对工程项目的总体进行检验、认证、综合评价和鉴定的活动。

建设项目竣工验收按被验收的对象不同可分为:单位工程验收(也称交工验收)、单项工程验收、工程整体验收(也称动用验收)。

通常所说的建设项目竣工验收,指的是动用验收,即建设单位在建设项目按批准的设计文件所规定的内容全部建成后,向使用单位(国有资金建设的工程向国家)交工的过程。

1. 建设项目竣工验收的内容

不同的建设项目,其竣工验收的内容不完全相同。但一般均包括工程资料验收和工程内容验收两部分。

(1)工程资料验收

包括工程技术资料、工程综合资料和工程财务资料验收三个方面的内容。

(2)工程内容验收

包括建筑工程验收、安装工程验收两部分。

①建筑工程验收的内容有：

a. 建筑物的位置、标高、轴线是否符合设计要求；

b. 对基础工程中的土石方工程、垫层工程、砌筑工程等资料的审查；

c. 结构工程中的砖木结构、砖混结构、内浇外砌结构、钢筋混凝土结构的审查验收；

d. 对屋面工程的木基、望板油毡、屋面瓦、保温层、防水层等的审查验收；

e. 对门窗工程的审查验收；

f. 对装修工程的审查验收(抹灰、油漆等工程)。

②安装工程验收的内容有：

a. 建筑设备安装工程(指民用建筑物中的上下水管道、暖气、煤气、通风、电气照明等安装工程)。应检查这些设备的规格、型号、数量、质量是否符合设计要求,检查安装时的材料、材质、材种,检查试压、闭水试验、照明。

b. 工艺设备安装工程包括:生产、起重、传动、实验等设备的安装,以及附属管线敷设和油漆、保温等。检查设备的规格、型号、数量、质量、设备安装的位置、标高、机座尺寸、质量、单机试车、无负荷联动试车、有负荷联动试车、管道的焊接质量、清洗、吹扫、试压、试漏及各种阀门等。

c. 动力设备安装工程,是指有自备电厂的项目或变配电室(所)、动力配电线路的验收。

2. 竣工验收的标准

施工单位完成工程承包合同中规定的各项工程内容,并依照设计图纸、文件和建设工程施工及验收规范,自查合格后,申请竣工验收。

(1)生产性项目和辅助性公用设施,已按设计要求完成,能满足生产使用；

(2)主要工艺设备的配套设备经联动负荷试车合格,形成生产能力,能够生产出设计文件所规定的产品；

(3)主要的生产设施已按设计要求建成；

(4)生产准备工作能适应投产的需要；

(5)环境保护设施、劳动安全卫生设施、消防设施已按设计与主体工程同时建成使用；

(6)生产性投资项目,如工业项目的土建、安装、人防、管道、通讯等工程的施工和竣工验收,必须按照国家和行业施工及验收规范执行。

3. 建设项目竣工验收的方式与程序

(1)竣工验收的方式

为了保证建设项目竣工验收的顺利进行,验收必须遵循一定的程序,并按照建设项目总体计划的要求以及施工进展的实际情况分阶段进行。项目施工达到验收条件的验收方式可分为中间验收、单项工程验收和全部工程竣工验收三大类,见表6-2。

规模较小、施工内容简单的建设项目,也可以一次进行全部项目的竣工验收。

虽然项目的中间验收也是工程验收的一个组成部分,但它属于施工过程中的管理内容,这里仅就竣工验收(单项工程验收和全部工程验收)的有关问题予以介绍。

表6-2 不同阶段的工程验收

类 型	验收条件	验收组织
中间验收	①按照施工承包合同的约定,施工完成到某一阶段后要进行中间验收。 ②主要的工程部位施工已完成了隐蔽前的准备工作,该工程部位将置于无法查看的状态	由监理单位组织,业主和承包商派人参加。该部位的验收资料将作为最终验收的依据
单项工程验收(交工验收)	①建设项目中的某个合同工程已全部完成。 ②合同内约定有分部分项移交的工程已达到竣工标准,可移交给业主投入试运行	由业主组织,会同施工单位、监理单位、设计单位及使用单位等有关部门共同进行
全部工程竣工验收(动用验收)	①建设项目按设计规定全部建成,达到竣工验收条件。 ②初验结果全部合格。 ③竣工验收所需资料已准备齐全	大中型和限额以上项目由国家发改委或由其委托项目主管部门或地方政府部门组织验收。小型和限额以下项目由项目主管部门组织验收。业主、监理单位、施工单位、设计单位和使用单位参加验收工作

(2)竣工验收程序

建设项目全部建成,经过各单项工程的验收符合设计要求,并具备竣工图表、竣工结算、工程总结等必要文件资料,由建设项目主管部门或建设单位向负责验收的单位提出竣工验收申请报告,按图 6－21 竣工验收程序验收。

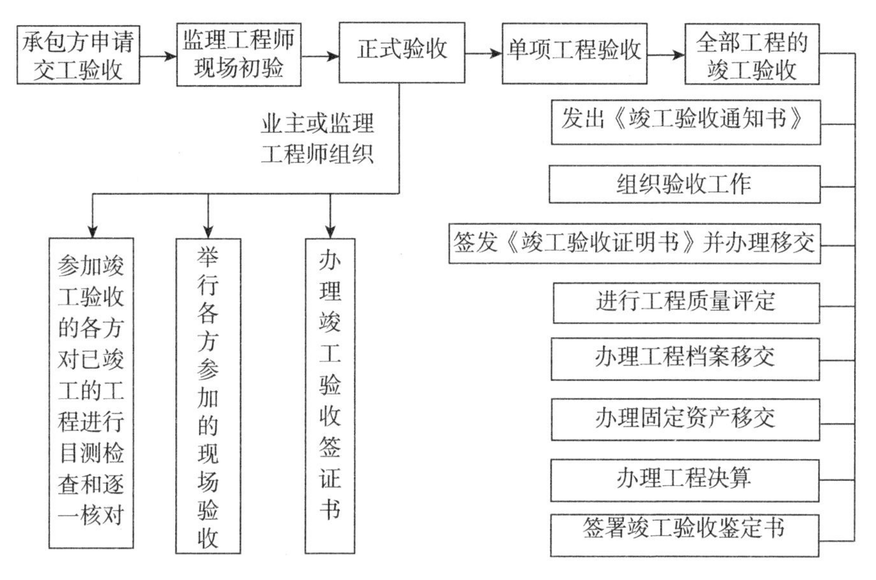

图 6－21　竣工验收程序

①承包商申请交工验收

承包商在完成了合同约定的工程内容或按合同约定可分步移交工程的,可申请交工验收。交工验收一般为单项工程,但在某些特殊情况下也可以是单位工程的施工内容,诸如特殊基础处理工程、发电站单机机组完成后的移交等。承包商施工的工程达到竣工条件后,应先进行预检验,一般由具体负责施工的施工单位,即分包商或承包商,先进行自验、项目经理自验、公司级预验三个层次进行竣工验收预验收,亦称竣工预验。对不符合要求的部位和项目,确定修补措施和标准,修补有缺陷的工程部位;对于设备安装工程,要与甲方和监理单位共同进行无负荷的单机和联动试车,为正式竣工验收做好准备。承包商在完成了上述工作和准备好竣工资料后,即可向甲方提交竣工验收申请报告。

②监理工程师现场初验

施工单位通过竣工预验收,对发现的问题进行处理后,决定正式提请验收,应向监理工程师提交验收申请报告,监理工程师审查验收申请报告,如认为可以验收,则由监理工程师组成验收组,对竣工的工程项目进行初验。在初验中发现的质量问题,要及时书面通知施工单位,令其修理甚至返工。

③正式验收

正式验收是由业主或监理工程师组织,由业主、监理单位、设计单位、施工单位、工程质量监督站等单位参加的正式验收。

④单项工程验收

单项工程验收又称交工验收,即验收合格后业主方可投入使用。由业主组织的交工验收,主要依据国家颁布的有关技术规范和施工承包合同,对以下几方面进行检查或检验:

a. 检查、核实竣工项目,准备移交给业主的所有技术资料的完整性、准确性;

b. 按照设计文件和合同,检查已完工程是否有漏项;

c. 检查工程质量、隐蔽工程验收资料、关键部位的施工记录等,考察施工质量是否达到合同要求;

d. 检查试车记录及试车中所发现的问题是否得到改正;

e. 在交工验收中发现需要返工、修补的工程,明确规定完成期限;

f. 其他涉及的有关问题。

经验收合格后,业主和承包商共同签署《交工验收证书》,然后由业主将有关技术资料和试车记录、试车报告及交工验收报告一并上报主管部门,经批准后该部分工程即可投入使用。验收合格的单项工程,在全部工程验收时,原则上不再办理验收手续。

⑤全部工程的竣工验收

全部施工完成后,由国家主管部门组织的竣工验收,也称动用验收。业主参与全部工程竣工验收分为验收准备、预验收和正式验收三个阶段。正式验收是在自验的基础上,确认工程全部符合验收标准,具备了交付使用的条件后,即可开始正式竣工验收工作。

a. 发出《竣工验收通知书》。施工单位应于正式竣工验收之日的前 10 天,向建设单位发送《竣工验收通知书》。

b. 组织验收工作。工程竣工验收工作由建设单位邀请设计单位及有关方面参加,同施工单位一起进行检查验收。国家重点工程的大型建设项目,由国家有关部门邀请有关方面参加,组成工程验收委员会,进行验收。

c. 签发《竣工验收证明书》并办理移交。在建设单位验收完毕并确认工程符合竣工标准和合同条款规定要求以后,向施工单位签发《竣工验收证明书》。

d. 进行工程质量评定。建筑工程按设计要求和建筑安装工程施工的验收规范及质量标准进行质量评定验收。验收委员会或验收组,在确认工程符合竣工标准和合同条款规定后,签发竣工验收合格证书。

e. 整理各种技术文件资料,办理工程档案资料移交。建设项目竣工验收前,各有关单位应将所有技术文件进行系统整理,由建设单位分类立卷;在竣工验收时,交使用单位统一保管,同时将与所在地区有关的文件交当地档案管理部门,以适应生产、维修的需要。

f. 办理固定资产移交手续。在对工程检查验收完毕后,施工单位要向建设单位逐项办理工程移交和其他固定资产移交手续,并应签认交接验收证书,办理工程结算手续。工程结算由施工单位提出,送建设单位审查无误后,由双方共同办理结算签认手续。工程结算手续办理完毕,除施工单位承担保修工作以外,甲乙双方的经济关系和法律责任予以解除。

g. 办理工程决算。整个项目完工验收并且办理了工程结算手续后,要由建设单位编制工程决算,上报有关部门。

h. 签署竣工验收鉴定书。竣工验收鉴定书是表示建设项目已经竣工并交付使用的重要文件,是全部固定资产交付使用和建设项目正式动用的依据,也是承包商对建设项目消除法律责任的证件。竣工验收鉴定书一般包括:工程名称、地点、验收委员会成员、工程总说明、工程据以修建的设计文件、竣工工程是否与设计相符合、全部工程质量鉴定、总的预算造价和实际造价、验收组对工程动用的意见和要求等主要内容。至此,项目的全部建设过程全部结束。

整个建设项目进行竣工验收后,业主应及时办理固定资产交付使用手续。在进行竣工验收时,已验收过的单项工程可以不再办理验收手续,但应将单项工程交工验收证书作为最终验收的附件而加以说明。

(二)竣工决算

1. 建设项目竣工决算的概念

项目竣工决算是指所有项目竣工后,项目单位按照国家有关规定在项目竣工验收阶段编制的竣工决算报告。竣工决算是以实物数量和货币指标为计量单位,综合反映竣工建设项目全部建设费用、建设成果和财务状况的总结性文件,是竣工验收报告的重要组成部分。竣工决算是正确核定新增固定资产价值,考核分析投资效果,建立健全经济责任制的依据,是反映建设项目实际造价和投资效果的文件。竣工决算是建设工程经济效益的全面反映,是项目法人核定各类新增资产价值、办理其交付使用的依据。竣工决算是工程造价管理的重要组成部分,做好竣工决算是全面完成工程造价管理目标的关键性因素之一。通过竣工决算,既能够正确反映建设工程的实际造价和投资结果,又可以通过竣工决算与概算、预算的对比分析,考核投资控制的工作成效,为工程建设提供重要的技术经济方面的基础资料,提高未来工程建设的投资效益。

项目竣工时,应编制建设项目竣工财务决算。在编制项目竣工财务决算前,项目建设单位应当认真做好各项清理工作,包括账目核对及账务调整、财产物资核实处理、债权实现和债务清偿、档案资料归集整理等。建设周期长、建设内容多的项目,单项工程竣工,具备交付使用条件的,可编制单项工程竣工财务决算。建设项目全部竣工后应编制竣工财务总决算。

2. 建设项目竣工决算的作用

(1)建设项目竣工决算是综合全面地反映竣工项目建设成果及财务情况的总结性文件,它采用货币指标、实物数量、建设工期和各种技术经济指标综合、全面地反映建设项目自开始建设到竣工为止全部建设成果和财务状况。

(2)建设项目竣工决算是办理交付使用资产的依据,也是竣工验收报告的重要组成部分。建设单位与使用单位在办理交付资产的验收交接手续时,通过竣工决算反映了交付使用资产的全部价值,包括固定资产、流动资产、无形资产和其他资产的价值。及时编制竣工决算可以正确核定固定资产价值并及时办理交付使用,可缩短工程建设周期,节约建设项目投资,准确考核和分析投资效果。建设项目竣工决算可作为建设主管部门向企业使用单位移交财产的依据。

(3)建设项目竣工决算是分析和检查设计概算的执行情况,考核建设项目管理水平和投资效果的依据。竣工决算反映了竣工项目计划、实际的建设规模、建设工期以及设计和实际的生产能力,反映了概算总投资和实际的建设成本,同时还反映了所达到的主要技术经济指标。通过对这些指标计划数、概算数与实际数进行对比分析,不仅可以全面掌握建设项目计划和概算执行情况,而且可以考核建设项目投资效果,为今后制订建设项目计划,降低建设成本,提高投资效果提供必要的参考资料。

3. 竣工决算的内容

建设项目竣工决算应包括从筹集到竣工投产全过程的全部实际费用,即包括建筑工程费、安装工程费、设备工器具购置费用及预备费等费用。根据财政部、国家发改委、住房和城乡建设部的有关文件规定,竣工决算是由竣工财务决算说明书、竣工财务决算报表、工程竣工图和工程竣工造价对比分析四部分组成。其中竣工财务决算说明书和竣工财务决算报表两部分又称建设项目竣工财务决算,是竣工决算的核心内容。竣工财务决算是正确核定项目资产价值、反映竣工项目建设成果的文件,是办理资产移交和产权登记的依据。

Chapter 07 第七章

工程移交与保修

一、工程移交

工程移交是在工程完工验收(或称为竣工验收)达到规范及合同约定的标准,并具备完全或部分使用条件时,工程从承包人控制下转移给发包人控制与管理的过程。工程的移交表明承包人全部工程施工义务完成。移交之后,工程的保管责任由发包人接手,工程风险属于发包人的风险。承包人不再承担工程保管与损失、损害的风险。

(一)工程移交的前提

工程移交的直接前提是完工验收合格。移交,即意味着工程要交付使用,根据建筑法与建设工程质量管理条例的规定,工程质量验收不合格的不得交付使用。因此,可将完工验收合格视为工程移交的前提。完工验收不合格的,承包人需要组织作业人员对存在问题进行整改、维修,甚至返工重做,然后再次申请完工验收。原则上,两次完工验收再不合格的,发包人可以就不合格部分工程折价接收,自行或另委托其他施工企业对问题部分进行维修、整改。如果完工验收不合格部分直接影响到工程安全使用或者不能达到合同约定、设计界定功能的,发包人有权利拒绝接受工程,并追究承包人的相关责任。在此情况下,承包人不仅无法得到全部的工程款,甚至需要对发包人的损失进行赔偿。

完工验收,是发包人收到工程完工验收申请之后,所组织的由工程项目各参建方,即设计、勘察、施工等承包人,以及监理等相关咨询人参加的工程完工验收。按照《建设工程施工合同(示范文本)》(GF－2017—0201)规定,发包人应在拟定的工程完工验收日期之前的7个工作日前,将具体验收时间、地点、验收小组名单书面通知工程所在地的工程质量监督机构。这表明在竣工验收备案制下,工程质量监督机构亦可参加工程完工验收。完工验收以工程质量现场验收和工程资料检查验收为主,对于工程中含有成套设备或特定设备的,如消防设备,需要进行联动试车,即全面考核全系统的设备、自控仪表、联锁、管道、阀门、供电等的性能与质量,以及施工是否符合设计与标准规范要求。

完工验收通过之后,工业类的工程,尚需针对生产设备组织投料试车,投料试车达到设计规定指标要求的,才能满足移交的条件。设备安装、电气安装结束后,一般要先进行分段、分部分的试运行,在全部正常运转后,整条生产线需要加入生产原料之后进行整体试运行,这称为投料试车,是验证整条生产线可以正常投产的最后一个步骤。投料试车合格,才能满足设计界定的功能,达到既定设计条件,可以交付生产使用。

我国实行建设工程完工验收备案制度。新建、扩建和改建的各类房屋建筑工程和市政基础设施工程的竣工验收,均应按《建设工程质量管理条例》规定进行备案。在工程实践之中,亦有建设工程合同将完工备案视为完工验收的标志、工程移交的前提。

除以上所述前提条件之外,在工程实践之中,工程移交的前提条件之一是发包人按照合同约定的付款额或者比例,完成了相应付款。如果工程付款没有到位,承包人为了防止丧失掉优先赔偿权,会拖后工程的移交,直至得到合同约定的款项或相应权益保障。本项所述之前提条件视不同承包人而异。若承包人愿意承担发包人不按合同约定进行工程款支付的风险,亦可忽视该条件而进入工程移交程序。

(二)工程移交的内容

工程移交包括实体移交和文件档案移交,工程移交方和工程接收方将在工程移交报告上签字,形成工程移交报告。工程移交报告的签署即表明工程移交工作的结束。

1. 工程的实体移交

工程的实体移交包括可交付的一切工程实体或服务。在提供工程移交报告之前应当进行工程移交的检查与交接工作,仔细填写移交检查表。工程的移交检查表是罗列工程所有交付成果的表格,并对其中的具体细节进行描述,以便今后的核对。其形式比较简单,如表7-1所示。

表7-1 移交检查

交付成果名称	交付数量	移交检查结论	移交检查签字	备注

2. 工程的文件档案移交

一般情况下,项目文件的移交是一个贯穿项目整个生命周期的过程,只是在最后的收尾阶段,项目的文档移交对于工程使用、维修、改造以及事故鉴定、责任追究具有很深刻的意义和作用。工程项目文件档案随工程项目的生命周期逐步生成,并非一蹴而就。在工程项目生命周期的不同阶段建设任务和内容、参建方不同,每一个参建方在完成工作退出之前,需要将其工作中所形成的文件档案移交给发包人。因此,工程项目的文件档案移交没有固定的、统一的时间点,且工程项目生命周期的各个阶段所产生和需要移交的文件档案也是不同的。

工程准备阶段应当移交的主要文档资料有:

(1)在工程项目投资决策过程中所形成的工程项目立项审批、核准或备案文件;

(2)在办理土地使用权期间所产生的工程建设用地、征地与拆迁相关文件;

(3)办理工程项目规划设计手续期间所产生的工程勘察、测绘设计文件;

(4)工程勘察、设计、咨询、施工,以及发包人供应材料设备等情形下合作人选择所形成的招标文件、投标文件、合同等;

(5)工程正式开工所需办理的审批文件。

施工相关的文件,可分为两类,分别是土建工程文件与水电等专业工程的档案文件。

土建(建筑与结构)工程档案文件,一般为有关技术、质量与安全相关的资料、记录等,包括:

(1)施工技术准备文件;

(2)地基处理记录;

(3)工程图纸变更记录;

(4)材料设备质量证明及试验报告;

(5)施工实验记录;

(6)隐蔽工程检查记录;

(7)施工记录;

(8)工程质量检验记录。

水电、暖通、空调、消防与燃气等专业工程的档案文件,包括:

(1)一般施工记录;

(2)图纸变更记录;

(3)设备、产品质量检查与安装记录;

(4)隐蔽工程检查记录;

(5)施工试验记录。

工程项目是否存在与移交监理相关文件,视工程性质而不同。对于强制监理范围之内的工程或发包人委托了监理进行工程施工监督管理的,工程项目中存在监理相关文件,亦需要移交监理相关文件。如果工程项目不在强制监理范围之内,且发包人没有委托监理进行施工监督管理服务的,则不存在监理相关文件,亦不需要整理、移交工程项目监理相关文件。具体包括:

(1)监理规划;

(2)监理月报与会议纪要;

(3)监理通知;

(4)监理总结。

工程完工验收所形成的文件与资料,包括:

(1)工程竣工总结。

(2)竣工验收记录,包括:①竣工图,包含给排水、结构、水电、装饰、暖通、消防、燃气、电梯等专业工程的竣工图;②声像材料,是完工验收过程中所产生的照片、录像、光盘等资料。

工程完工验收之后的文件移交一般是指工程档案移交。从建设工程质量管理条例和城市建设档案管理规定的角度所理解的工程档案移交是指发包人必须在工程完工验收后3个月内,向城建档案馆报送一套符合规定的建设工程档案。这里所指的工程档案是指从工程项目提出、立项、审批,勘察设计、生产准备、施工、监理、验收等工程建设及工程管理过程形成并应归档保存的文字、表格、声音、图像等各种载体的文件材料。勘察、设计、施工、监理等工程项目参建各方需按照建筑工程资料管理规程规定进行整理、编纂、成册、立卷后向发包人移交。建设工程项目实行总承包的,总承包人负责收集、汇总各分包人形成的工程档案,并应及时向发包人移交;各分包人应将本单位形成的工程文件整理、立卷后及时移交总承包人。建设工程项目由几个单位承包的,各承包人分别负责收集、整理、立卷其承包项目的工程文件,并应及时向发包人移交。

(三)工程移交的程序

工程项目经竣工验收合格后,便可办理工程移交手续。移交,即承包人将项目的所有权与管理权移交给发包人。移交的时限需按发包人与承包人签订的合同执行,一般是完工验收合格之日起的28日内,完成工程移交。工程项目的移交包括项目实体移交和项目文件移交两部分。移交的程序如下:

(1)在办理工程项目移交前,承包人的项目管理团队要编制竣工结算书,以此作为向项目发包人结算,并最终拨付工程价款的依据。而竣工结算书通过监理工程师审核、确认并签证后,才能通知发包人与承包人办理工程价款的拨付手续。

(2)工程技术档案文件移交。移交时要编制《工程档案资料移交清单》。发包人及其委托的咨询人按清单查阅清楚并认可后,双方在移交清单上签字盖章。移交清单一式两份,双方各自保存一份,以备查对。

(3)工程实体移交,即建(构)筑物实体和工程项目内所包括的各种设备实件的移交。工程实体移交的繁简程度随工程项目承发包模式的不同及工程项目本身的具体情况不同而异。

当项目的工程款项结清、文件资料移交和实体移交之后，工程移交方和工程接收方将在工程移交报告上签字，形成工程移交报告。工程移交报告即标志着工程移交的结束。

（四）工程移交的基本要求

工程通过完工验收，承包人递交工程竣工报告的日期为实际竣工日期。承包人应在发包人对竣工验收报告签认后的规定期限内向发包人递交竣工结算报告和完整的结算资料。承包人在收到工程竣工结算价款后，应在规定的期限内将竣工项目移交发包人，及时转移撤出施工现场，解除施工现场全部管理责任。

移交工作的基本要求为：

向发包人移交钥匙时，工程室内外应清扫干净，达到窗明、地净、灯亮、水通，排污畅通、动力系统可以使用。

向发包人移交工程竣工资料，在规定的时间内，按工程竣工资料清单目录，进行逐项交接，办清交验签章手续。

所签订建设工程施工合同中未包括工程质量保修书附件的，在移交完工的工程时，应按建设工程质量管理条例规定签署或补签工程质量保修书。

承包人需按照工程竣工验收、移交的要求，编制工地撤场计划，规定撤场的时间，明确负责人与执行人，保证工地及时清场转移。撤场计划安排的具体工作要求如下：

（1）临设工程拆除，场内残土、垃圾要文明清运；

（2）对机械、设备进行油漆保养，组织有序退场；

（3）周转材料要按清单数量转移、交接、验收、入库；

（4）退场物资运输要防止重压、撞击，不得野蛮倾卸；

（5）转移到新工地的各类物资要按指定位置堆放，符合平面管理要求；

（6）清场转移工作结束，恢复临时占用土地，解除施工现场管理责任。

二、工程回访与保修

工程保修是指承包人对移交之后一定期间之内，工程可能出现的施工质量或使用问题承担维修的责任。具体的维修责任，《建设工程质量管理条例》有相关的规定，建设工程施工合同也会通过合同附件对维修的事项与保修期限加以详细的界定与说明。

（一）工程回访

1. 回访的方法

承包人所在企业的相应职能管理部门，如生产、技术、质量、水电等部门负责组织回访的业务工作，回访可采用电话询问、登门拜访、会议座谈等多种形式。回访是落实保修制度和保修方责任的一项重要措施，因此回访工作必须有计划地进行，回访必须认真，必须能解决问题。每次回访结束后应填写回访记录，在全部回访结束后，应编写回访服务报告，据此可验证回访服务的实施效果。

2. 回访方式

根据回访计划安排，及时而又灵活多样地进行工程回访。回访工程的方式一般有：

（1）例行性回访。对已交付竣工验收并在保修期限内的工程，一般半年或一年定期组织一次回访，广泛收集用户对工程质量的反映。

（2）季节性回访。主要是针对具有季节性特点，容易造成负面影响，经常发生质量问题的工程部位进行回访，如雨季回访屋面防水工程，墙面工程的防水和渗水情况，冬季回访采暖系统情况。

（3）技术性回访。主要了解施工过程中采用的新材料、新技术、新工艺的技术性能，从用户那里获取使用后的第一手资料，掌握设备安装竣工使用后的技术状态，运行中有无安装质量缺陷，若发现问题须及时处理。这样做有利于总结经验，获取科学依据，以便不断改进与完善，为进一步推广创造条件。这种回访既可定期进行，也可不定期进行。

（4）专题性回访。对某些特殊工程、重点工程、实行保修保险方式的工程应组织专访,专访工作可往前延伸,包括竣工前对发包人的访问和交工后对使用人的访问,听取他们的意见,为其提供定向跟踪服务。

3. 回访的主要内容

建设工程项目的施工单位对项目业主(或用户)进行回访的主要内容如下:

(1)听取用户对项目的使用情况和意见;

(2)查询或调查现场因自己的原因造成的问题;

(3)进行原因分析和确认;

(4)商讨进行返修的事项;

(5)填写回访卡。

(二)工程保修的范围和期限

1. 保修的范围

各种类型的建筑工程以及建筑工程的各个部位都应实行保修,由于承包人未按照国家标准、规范和设计要求施工所造成的质量缺陷,应由承包人负责修理并承担经济责任。从对保修项目的统计情况看,质量缺陷主要包括以下几个方面:

(1)屋面、地下室、外墙、阳台、厕所、浴室以及厨房等处渗水、漏水。

(2)各种通水管道(上下水、热水、污水、雨水等)漏水,各种气体管道漏气以及风道、烟道不通。

(3)水泥砂浆地面较大面积的起砂、裂缝、空鼓。

(4)内墙面较大面积裂缝、空鼓、脱落或面层起碱脱皮,外墙粉刷自动脱落。

①供暖管线安装不良,局部不热,管线接口处及卫生器具接口处不严而造成漏水。

②其他由于施工不良造成的无法使用或使用功能不能正常发挥的工程质量缺陷。

对于设计人、发包人、使用人等方面原因造成的质量缺陷,责任不在承包人,不属于保修范围。但是,承包人在收到维修通知后,仍需要派遣工作人员进行维修,只是不需要承担质量责任和维修费用。

如果发包人与承包人没有签订保修协议或者建设工程施工合同中没有列明保修的范围与内容,工程保修需按照《建设工程质量管理条例》中强制保修范围与最低保修期限进行执行。

2. 保修期

建设工程的保修期为自竣工验收合格之日起计算,具体时限需要通过建设工程施工合同或保修协议作出约定。如果建设工程施工合同或保修协议未作出具体约定的,按照《建设工程质量管理条例》对最低保修期限的规定执行,即在工程正常使用条件下的最低保修期限。《建设工程质量管理条例》对强制保修范围与最低保修期的规定如下:

(1)基础设施工程、房屋建筑的地基基础工程和主体结构工程,为设计文件规定的该工程的合理使用年限;

(2)屋面防水工程、有防水要求的卫生间、房间和外墙面的防渗漏,为5年;

(3)供热与供冷系统,为2个采暖期、供冷期;

(4)电气管线、给排水管道、设备安装和装修工程,为2年;

其他保修范围由承包人与发包人在工程质量保修书中具体约定。发包人与承包人亦可通过保修协议约定保修期限,但协议中所约定的保修期限不得短于《建设工程质量管理条例》中所规定的最低保修期限。如果出现协议约定保修期限短于《建设工程质量管理条例》所规定最低保修期限的情形,实际所应执行的保修期限为《建设工程质量管理条例》中规定的最低保修期限。同理,协议中所约定的保修范围,没有涵盖《建设工程质量管理条例》中规定的强制保修范围的,在实际工程保修过程中,承包人仍需对《建设工程质量管理条例》规定的强制保修范围内保修项目承担保修责任。

3. 工程保修做法

承包人在向发包人提交工程竣工报告时,应当向发包人出具《房屋建筑工程质量保修书》,《房屋建筑工程质量保修书》中具体约定了保修范围及内容、保修期、保修责任、保修费用等。

(1)保修通知和修理

在保修期内,发现项目出现非使用原因的质量缺陷,使用人(用户)可以用口头通知或直接到承包人接待处领取《工程质量维修通知书(样表)》(见表7-2所示),并如实填写,一式两份,一份承包人据此安排保修工作,另一份由使用人(用户)自留备查。

表 7-2　工程质量维修通知书(样表)

工程名称：　　　　　　　　　　　　　　　　　　　　　　　　编号：

致：
事由：_______ 工程___ 号楼_____ (具体位置)出现_________ 质量问题,根据本工程项目的保修协议,该质量问题在保修协议约定的保修期限与范围之内。特通知你单位派专业人员对该质量问题进行维修处理,自本通知书发出之日起____ (时间)内,需完成质量问题处理,并通知我单位______ (联系人与联系方式)对维修质量进行检查验收。逾期未对质量问题进行维修处理的或未有效解决质量问题对工程使用影响的,我单位将按照建设工程施工合同与保修协议追究你单位的违约责任。
注:此维修通知单亦为你单位专业人员进入现场作业之凭证。
人员： 签章： 日期：

承包人收到《工程质量维修通知书》之后,必须尽快地派人前往检查,会同使用人(用户)共同作出鉴定,需要修理时,提出修理方案,并尽快地组织人力、物力进行修理。承包人在约定的时间和地点,不派人修理的,使用人(用户)可委托其他单位修理,因修理发生的费用,应由承包人承担赔偿责任。由于建筑工程情况比较复杂,在保修期内出现的一些问题往往是由于多种原因造成的,因此,进行保修时涉及的保修费用,必须根据造成问题的原因确定费用责任归属,与发包人及有关方面共同商定费用的处理办法,不能全部都由承包人负担保修期内的保修费用。关于保修费用的承担,基本划分原则是承包人供应材料设备或施工原因所引起的施工质量问题,承包人承担保修费用;除此之外,发包人承担保修费用,当然发包人可根据其所签订的其他合同追究相关方的责任。根据《建设工程施工合同(示范文本)》(GF-2017—0201)的规定,发包人在保修期满后 14 天内,需将剩余保修金和利息返还承包人。

(2)验收

在发生质量缺陷的部位或项目修理完毕后,承包人应安排专职质量人员或管理人员到现场对修理结果进行自检评定,并签署评定结论。发包人或使用人(用户)对修理结果认可,应在《工程质量维修通知书》上签署验收意见,将自留的一份一并移交承包人归档,建立保修业务档案。

4. 质量保证金的返还

《建设工程质量保证金管理办法》第 10 条规定:"缺陷责任期内,承包人认真履行合同约定的责任,到期后,承包人向发包人申请返还保证金。"缺陷责任期是 2013 年版《建设工程施工合同(示范文本)》中引入的一个概念,其在 FIDIC 合同中的含义是承包商承担质量维修责任的期限。而在《建设工程质量保证金管理办法》与《建设工程施工合同(示范文本)》中的含义,单指质量保证金的返还期限。

返还质量保证金的前提是承包人认真履行了建设工程施工合同或保修协议约定的保修责任。即保修期内,承包人接到保修通知后,应当到现场核查情况,并在保修书约定的时间内予以保修;发生涉及结构安全或者严重影响使用功能的紧急抢修事故,承包人接到保修通知后,应当立即到达现场抢修。在保修范围和保修期限内发生质量问题的,如果在保修期满后承包人仍未处理或者仍未处理好,如屋面渗漏的质量问题,经过维修之后仍存在渗漏,即使保修期满承包人仍然要履行其保修义务,并对造成的损失承担赔偿责任。如果承包人以保修期满为由,不继续承担保修责任的,发包人可以扣留问题部分的质量保证金,不予返还。

《建设工程质量保证金管理办法》中规定,缺陷责任期满,且承包人全面履行了建设工程施工合同与保修协议约定的保修责任,承包人可向发包人申请退还质量保证金。发包人在接到承包人返还保证金申请后,按照建设工程施工合同或保修协议,一般应于 14 天内会同承包人按照合同约定的内容进行核实。如无异议,发包人应当按照约定将保证金返还给承包人。对返还期限没有约定或者约定不明确的,发包人应当在核实后 14 天内将保证金返还承包人;逾期未返还的,依法承担违约责任。发包人在接到承包人返还保证金申请后 14 天内不予答复,经催告后 14 天内仍不予答复,视同认可承包人的返还保证金申请。

5. 缺陷责任期满后的保修

分包人在分包合同项下的保修义务持续到缺陷责任期届满以后的,发包人有权在缺陷责任期届满前,要求承包人将其在分包合同项下的权益转让给发包人,承包人应当转让。

经过合同权益的转让,发包人成为分包合同新的当事人,分包人需要根据分包合同向发包人直接履行相关的合同义务,含保修义务。合同权益转让之后,属于分包人的工程款项,发包人直接从承包人的结算款中扣留,分包人履行完成分包合同义务之后,发包人直接向分包人支付相应的分包款项。

Chapter 08

第八章

地产开发项目销售

一、预售与销售

建设项目,特别是地产开发项目,产品都要进入市场,因此都要进行销售。房地产开发企业可以自行销售商品房,也可以委托房地产中介服务机构销售商品房。至于两种销售方式的选择,要取决于房地产开发企业所属销售队伍数量、素质与能力。

商品房现售,是指房地产开发企业将竣工验收合格的商品房出售给买受人,并由买受人支付房价款的行为。商品房预售,是指房地产开发企业将正在建设中的商品房预先出售给买受人,并由买受人支付定金或者房价款的行为。

(一)商品房预售

相对于现售,预售使开发商销售提前,提前有了销售收入,很大程度上缓解了开发商的资金压力。但是也存在一定的风险,购房者在房子成型前预先支付了价款,一旦房子无法交付,购房者面临资金损失的风险,为预售房屋项目提供借贷资金的金融机构、为购房者提供住房贷款的银行同样存在资金损失风险。所以,国家对商品房预售进行相关制度约束,即商品房预售实行许可制度。开发企业进行商品房预售,必须向房地产管理部门申请预售许可,取得《商品房预售许可证》。未取得《商品房预售许可证》的,不得进行商品房预售。

依据《城市房地产管理法》,商品房预售需满足法定条件,具体包括:

(1)预售房屋所属建设工程项目的开发与建设是合法合规的,具体表现在预售房屋所属建设工程项目的开发企业已经交付全部土地使用权出让金,取得土地使用权证书;预售房屋所属建设工程项目已经办理了建设工程规划许可证和施工许可证。

(2)预售房屋所属建设工程项目建设资金到位情况良好,工程建设与交房进度能够得到保障,具体规定是按提供预售的商品房计算,投入开发建设的资金达到工程建设总投资的25%以上,并已经确定施工进度和竣工交付日期。

虽然,国家和地方政府采取了若干限制性的措施,防止出现预售房屋的交付风险。但是,市场之中仍存在个别房地产开发企业"跑路"现象。房地产开发企业"跑路"之根本原因是其在开发项目过程中出现"资金链断裂",导致后续项目资金跟不上,从而导致预售房屋不能按期完成建设和交付。因此,在市场风险较高之时,政府一般会提高预售的门槛,如主体完工才能预售,抑或对预售资金进行保护性监管等,其目的自然是防止房屋预售之后项目出现资金问题而引发社会风险。

基于预售许可制度,房地产开发企业必须按照地方政府规定的条件,提交相关的证明资料,包括但不限于:商品房预售许可申请表,开发企业的营业执照和资质证书,土地使用权证、建设工程规划许可证、施工许可证,投入开发建设的资金占工程建设总投资的比例符合规定条件的证明,工程施工合同及关于施工进度的说明,商品房预售方案等,申请房屋预售许可证。房地产管理部门对房地产开发企业提供的有关材料是否符合法定条件进行审核;经审查,开发企业的申请符合法定条件的,房地产管理部门在一定时间内向开发企业颁发、送达《商品房预售许可证》;不符合法定条件的,不予许可。房地产管理部门作出的准予商品房预售许可的决定,应当予以公开,公众有权查阅。

房地产开发企业进行商品房预售,必须向承购人出示《商品房预售许可证》。售楼广告和说明书应当载明《商品房预售许可证》的批准文号。开发企业应当与承购人签订商品房预售合同。开发企业应当自签约之日起30日内,向房地产管理部门和市、县人民政府土地管理部门办理商品房预售合同登记备案手续。开发企业预售商品房所得款项应当用于相关工程建设。预售的商品房交付使用之日起90日内,承购人应当依法到房地产管理部门和市、县人民政府土地管理部门办理权属登记手续。开发企业应当予以协助,并提供必要的证明文件。由于开发企业的原因,承购人未能在房屋交付使用之日起90日内取得房屋权属证书的,除开发企业和承购人有特殊约定外,开发企业应当承担违约责任。

(二)商品房现售

商品房现售,是指房地产开发企业在取得土地使用权证书或者使用土地的批准文件,并持有建设工程规划许可证和施工许可证后完成了建设工程的开发与建设,已经通过了竣工验收。同时,生活所需的供水、供电、供热、燃气、通信等配套基础设施具备交付使用条件,其他配套基础设施和公共设施具备交付使用条件或者已确定施工进度和交付日期,而且房屋所属项目的物业管理方案已经落实之后的销售。简单地说,商品房现售就是销售现房,销售能立即使用的商品房。商品房现售开发商出售的房屋必须经过合格的验收,商品房现售与商品房预售不同,商品房现售直接与开发商签订房屋买卖合同,而商品房预售一般签订预售合同。商品房现售与商品房预售相比较,没有那么高的风险。

房地产开发企业应当在商品房现售前将房地产开发项目手册及符合商品房现售条件的有关证明文件报送房地产开发主管部门备案,以规避房屋不符合现售条件所可能带来的风险。商品房现售备案,需要提交的申请材料主要有:项目立项审批手续;开发企业营业执照、资质证书;土地使用证、建设工程规划许可证、施工许可证;房产面积终测报告;房地产开发项目手册;前期物业管理协议;竣工验收备案表;供水、供电、供热、燃气、通信等配套基础设施具备交付使用条件,其他配套基础设施和公共设施具备交付使用条件或者已确定施工进度和交付日期;房屋分层分户平面图;经相关部门审查合格的《商品房买卖合同》示范文本。程序也是申请、受理、审查、备案等过程。

(三)销售的限制性规定

1.禁止返本销售

房地产开发企业不得采取返本销售或者变相返本销售的方式销售商品房。所谓返本销售,是地产开发企业以定期向买受人返还购房款的方式销售商品房的行为,即购房人一次性付给开发商全部购房款,开发商在一定年限内将购房人的房价款全部返还给购房人。实际上,开发企业进行“返本销售”有非法融资的嫌疑,不利于国家对金融活动的监管,同时对于购房者来说,最大的风险就是开发企业的返本承诺往往得不到兑现。若干年后企业或者破产倒闭,或者钱款被卷走,或者无力履行返本义务。而购房者得到的往往是质次价高的商品房,或者是遥遥无期的“期房”。变相返本销售就是以一种躲避法律的形式进行返本销售,比如,售后包租,一般是销售店面时由开发商承诺在交付后的前几年,由开发商代购房人出租店面,以保证购房人的利益,如果店面无法租出,相当于开发商降价销售。

2. 禁止拆零销售

商品住宅按套销售,不得分割拆零销售。房地产开发企业拆零销售,往往与售后返租是结合在一起的,即开发商在拆零销售时承诺,购房人在买入这种拆零的房产之后,开发商负责将其租赁出去,购房人收取房租,实质上是将拆零房产作为投资方式来销售。这种拆零销售的商品房只能办理一个产权凭证,并不能满足为每一个购房人办理单独的产权证明。而且,住房和城乡建设部的行政法规明确禁止了分割拆零行为,但只规定了对开发商的行政处罚办法,并没有对双方《房屋买卖合同》的合法性以及是否可以解除合同作相应的规定。这意味着购房人通过诉讼要求解除拆零销售下所签订的购房合同,即使能够胜诉,开发商没钱赔,判决无法执行,并不能挽回购房人的损失。

3. 要式合同

商品房销售时,房地产开发企业和买受人应当订立书面商品房买卖合同。同时,合同还需要到房地产行政管理部门备案。符合书面订立、法定程序与手续的要求,因此商品房买卖合同属于要式合同。基于《民法典》的规定,书面订立的商品房买卖合同应当明确以下主要内容:当事人名称或者姓名和住所;商品房基本状况;商品房的销售方式;商品房价款的确定方式及总价款、付款方式、付款时间;交付使用条件及日期;装饰、设备标准承诺;供水、供电、供热、燃气、通信、道路、绿化等配套基础设施和公共设施的交付承诺和有关权益、责任;公共配套建筑的产权归属;面积差异的处理方式;办理产权登记有关事宜;解决争议的方法;违约责任;双方约定的其他事项。

4. 商品房价格

商品房销售既可以按套(单元)计价,也可以按套内建筑面积或者建筑面积计价。商品房建筑面积由套内建筑面积和分摊的共有建筑面积组成,套内建筑面积部分为独立产权,分摊的共有建筑面积部分为共有产权,买受人按照法律、法规的规定对其享有权利,承担责任。根据《房产测量规范》,套内建筑面积,指的是套内房屋使用空间的面积,以水平投影面积计算。其是由套内房屋使用面积,套内墙体面积,套内阳台建筑面积三部分组成。房屋共有建筑面积系指各产权主共同占有或共同使用的建筑面积。共有建筑面积的内容包括:电梯井、管道井、楼梯间、垃圾道、变电室、设备间、公共门厅、过道、地下室、值班警卫室等,以及为整幢服务的公共用房和管理用房的建筑面积,以水平投影面积计算。共有建筑面积还包括套与公共建筑之间的分隔墙,以及外墙(包括山墙)水平投影面积一半的建筑面积。独立使用的地下室、车棚、车库、为多幢服务的警卫室,管理用房,作为人防工程的地下室都不计入共有建筑面积。此外,还有产权面积与使用面积的概念,其中房屋的产权面积系指产权主依法拥有房屋所有权的房屋建筑面积;使用面积,是指建筑物各层平面中直接为生产或生活使用的净面积之和。按套(单元)计价或者按套内建筑面积计价的,商品房买卖合同中应当注明建筑面积和分摊的共有建筑面积。按套(单元)计价的现售房屋,当事人对现售房屋实地勘察后可以在合同中直接约定总价款。

按套(单元)计价的预售房屋,房地产开发企业应当在合同中附所售房屋的平面图。平面图应当标明详细尺寸,并约定误差范围。房屋交付时,套型与设计图纸一致,相关尺寸也在约定的误差范围内,维持总价款不变;套型与设计图纸不一致或者相关尺寸超出约定的误差范围,合同中未约定处理方式的,买受人可以退房或者与房地产开发企业重新约定总价款。买受人退房的,由房地产开发企业承担违约责任。

按套内建筑面积或者建筑面积计价的,当事人应当在合同中载明合同约定面积与产权登记面积发生误差的处理方式。合同未作约定的,按以下原则处理:面积误差比绝对值在3%以内(含3%)的,据实结算房价款;面积误差比绝对值超出3%时,买受人有权退房。买受人退房的,房地产开发企业应当在买受人提出退房之日起30日内将买受人已付房价款退还给买受人,同时支付已付房价款利息。买受人不退房的,产权登记面积大于合同约定面积时,面积误差比在3%以内(含3%)部分的房价款由买受人补足;超出3%部分的房价款由房地产开发企业承担,产权归买受人。产权登记面积小于合同约定面积时,面积误差比绝对值在3%以内(含3%)部分的房价款由房地产开发企业返还买受人;绝对值超出3%部分的房价款由房地产开发企业双倍返还买受人。

面积误差比=[(产权登记面积-合同约定面积)×100%]÷合同约定面积

房地产开发企业应当按照批准的规划、设计建设商品房。商品房销售后,房地产开发企业不得擅自变更规划、设计。经规划部门批准的规划变更、设计单位同意的设计变更导致商品房的结构型式、户型、空间尺寸、朝向变化,以及出现合同当事人约定的其他影响商品房质量或者使用功能情形的,房地产开发企业应当在变更确立之日起10日内,书面通知买受人。买受人有权在通知到达之日起15日内作出是否退房的书面答复。买受人在通知到达之日起15日内未作书面答复的,视同接受规划、设计变更以及由此引起的房价款的变更。房地产开发企业未在规定时限内通知买受人的,买受人有权退房;买受人退房的,由房地产开发企业承担违约责任。

二、营销渠道

营销渠道,又称为分销渠道或流通渠道,是指产品或服务由生产者向消费者转移的途径,是促使产品或服务顺利地进入市场,最终被使用或消费的一整套相互依存的组织及维持组织正常运行的一系列政策、制度与合同关系。

渠道的类型有长渠道和短渠道,直接渠道和间接渠道之分。短渠道是指生产商直接销售或是只有一个中间商的销售渠道,长渠道是有一个以上的中间商的销售渠道。直接渠道是产品直接销售给消费者,间接渠道是通过一个及以上的中间商销售给消费者的渠道。

商品房销售,开发商既可以自行销售,也可以委托代理公司进行销售。委托代理公司往往支付销售收入的1%~3%的佣金。因此很多大型的开发公司,例如万科、碧桂园等一般都是自行销售。

(一)自行销售

开发商自行销售可以使房地产开发企业直接面对消费者,可以使发展商准确掌握消费者的购买动机和需求特点,把握市场的脉搏。企业能对销售费用进行控制,有利于降低销售费用。但缺点是销售面窄、企业机构臃肿、运行效率不高等缺点。

开发商愿意或者可以实现自行现售商品房的衡量因素有:

首先,是在大型房地产开发公司,其往往有自己专门的市场营销队伍,拥有全国或地区性的销售网络,其所能提供的自我销售服务,有时比委托销售代理更为有效。例如万科、融创等地产公司开发商品房,均由其所属的销售中心负责销售工作。

其次,是在房地产市场高涨、市场供应短缺,所开发的项目很受使用者和投资置业人士欢迎,而且开发商预计在项目竣工后很快便能租售出去的项目。

最后,当开发商所发展的项目已有较明确,甚至是固定的销售对象时,也无须再委托销售代理。例如,开发项目在开发前就预租(售)给某一业主,甚至是由业主先预付部分或全部的建设费用时,开发商就没有必要寻求销售代理的帮助了。

(二)物业代理销售

物业代理公司,也是营销代理公司,是指专业为房地产公司提供销售代理的服务机构,业务主要集中在产品定位、案场包装、媒体计划、广告推广、房地产销售代理等。物业代理公司是指以委托人名义,为促成委托人与第三方进行房地产交易而提供服务,并收取委托人佣金的行为。随着房地产市场的分工的日益细化,物业代理公司越来越多地参与到房地产行业中,专业的代理公司更受到房地产开发商的青睐和合作。我国比较知名的营销代理公司有世联行、易居中国、合富辉煌、中原地产等公司,这些代理公司依靠专业的知识和销售团队,为开发商销售商品房,通过收取代理佣金,也取得了很大成绩,易居中国、世联行、合富辉煌等都是上市公司。其中易居中国拥有全直营管辖的业务版图。旗下易居营销、易居房友、克而瑞等特色业务,全面覆盖新房代理服务,累计代理上万个楼盘,项目涵盖204座城市,拥有超过20,000名一线业务员,年销售额超过5000亿元。

依据《房地产经纪管理办法》的规定，房地产开发企业委托中介服务机构销售商品房的，受托机构应当是依法设立并取得工商营业执照的房地产中介服务机构。房地产开发企业应当与受托房地产中介服务机构订立书面委托合同，委托合同应当载明委托期限、委托权限以及委托人和被委托人的权利、义务。受托房地产中介服务机构销售商品房时，应当向买受人出示商品房的有关证明文件和商品房销售委托书。受托房地产中介服务机构销售商品房时，应当如实向买受人介绍所代理销售商品房的有关情况。受托房地产中介服务机构不得代理销售不符合销售条件的商品房。受托房地产中介服务机构在代理销售商品房时不得收取佣金以外的其他费用。商品房销售人员应当经过专业培训，方可从事商品房销售业务。

（三）代理合同

开发商要和物业代理商签订合同，合同中要规定双方的权利和义务。一般开发商为甲方，代理方为乙方。合同中要注明的主要内容包括：代理项目的范围、代理期限、费用负担、销售价格、代理佣金和支付、甲乙双方责任等。

一般来说，项目的推广费用，包括报纸电视广告、印制宣传材料、售楼书、制作沙盘等由甲方负责支付。该费用应在费用发生前一次性到位。具体销售工作人员的开支及日常支出由乙方负责支付。

双方确定一个销售基价（可以是代理项目各层楼面的平均价）由甲乙双方确定，乙方可视市场销售情况征得甲方认可后，有权灵活浮动。乙方的代理佣金为所售的项目价目表成交额的1%～3%，乙方实际销售价格超出销售基价部分，甲乙双方按一定比例分成。

在合同期内，一般乙方应做以下工作：制订推广计划书（包括市场定位、销售对象、销售计划、广告宣传等）；根据市场推广计划，制定销售计划，安排时间表；按照甲乙双方议定的条件，在委托期内，进行广告宣传、策划；派送宣传资料、售楼书；在甲方的协助下，安排客户实地考察并介绍项目、环境及情况；利用各种形式开展多渠道销售活动；在甲方与客户正式签署售楼合同之前，乙方以代理人身份签署房产临时买卖合约，并收取定金，同时乙方不得超越甲方授权向客户作出任何承诺；乙方在销售过程中，应根据甲方提供的项目的特性和状况向客户作如实介绍，尽力促销，不得夸大、隐瞒或过度承诺；乙方应信守甲方所规定的销售价格，非经甲方的授权，不得擅自给客户任何形式的折扣等。

三、销售价格

产品进入市场，必然有一定的价格。价格的高低很大程度上影响了销售的多少。不同的开发商实行不同的价格政策。这些价格政策都是基于一定的目的，这些目的主要有：以获取最高利润为定价目标；以获取较高的投资收益率为目标；以保持市场价格稳定为目标；以应付或避免竞争为目标；以提高市场占有率为目标；以维持企业生存为目标。因此，不同的目的给产品定的价格不同，并且相互之间的价格差异较大。

了解定价前，必须先清晰开发成本。《房地产开发项目经济评价方法》中对房地产投资项目成本费用等进行了解释。房地产开发总成本是由总投资所决定的，总投资包括开发建设投资和经营资金两个部分，开发建设投资又包括土地费用、前期工程费用、建筑安装工程费、基础设施建设费、公共配套建设费、管理费用、财务费用、销售费用、不可预见费等。开发结束后形成开发成本和固定资产。

《建设项目经济评价方法与参数（第3版）》中也有建设项目的总投资的构成，分为建设投资、建设期利息、流动资金投资，其中建设投资又分为工程费用、工程建设其他费用、建设期利息。不论《房地产开发项目经济评价方法》中的分类或是《建设项目经济评价方法与参数（第3版）》中的分类，其本质都是相同的，只不过房地产项目相对于其他建设项目有其特殊性。

（一）定价方法

产品定价的方法主要有以下三种：

1. 成本导向定价法

开发商为了持续的生产经营，必定要考虑产品利润。对开发商来说，产品亏损都是不可持续的。产品价格定多高要看周边竞品价格、消费者的所感知价值以及产品成本等多种因素。当项目位于未开发区域，周边没有竞品时，开发商就要根据成本来定价，这种方法就是成本导向定价法。成本导向定价法就是在产品成本的基础上，加上一定比例的预期利润作为产品定价。所加的一定比例的利润称为“成数”。

产品价格 = 产品成本 + 预期利润 = 产品成本 ×（1 + 加成率）

利润的预期，可以根据投资、成本、销售收入等来估算，即设定一定的目标投资利润率、成本利润率、销售利润率等。

单位产品成本 =（总成本 + 目标利润）÷ 预计销售量

例如：某开发商取得一块200亩的土地，土地费用每亩2000万元，1≤地上容积率≤2.8，地下容积率不小于1。根据区域特征，开发商定位于刚需楼盘，地上容积率做到2.8，地上面积为373，335.2平方米，每户平均100平方米，共3733户，按照每户0.8个车位计算，配置地下车位2986个，地下面积为135，000平方米。地下面积造价与价格持平。已知地上建设总成本5000元/平方米，地下建设总成本3200元/平方米。开发期3年，目标成本利润率为30%，则开发总成本为：土地费用：200 × 2000 = 400，000万元；地上建设成本：373，335.2 × 5000 = 186，667.6万元；地下建设成本：135，000 × 3200 = 43，200万元；总成本 = 土地费用 + 地上地下建设成本 = 629，867.6万元；目标利润 = 629，867.6 × 30% = 188，960.28万元；扣除地下收入，地上面积价格 = [（总成本 − 地下建设成本）+ 目标利润] ÷ 地上面积≐20，776元/平方米。因此，地上面积定价为21，000元/平方米。

2. 需求导向定价法

根据市场调研，了解消费者对产品的理解所感知的价值用来定价的方法为需求导向定价法。主要有理解价值定价法和区分需求定价法。

理解价值是消费者对于商品的一种价值认知，是消费者对商品质量、功能等的综合评估。消费者在购买商品时会综合评估相似的商品，在其心目中会形成对产品的价值初步的判断。如果商品定价高了，消费者就会认为该商品比较贵，进而转向其他替代品的购买。很多产品开展“客户定价”活动即是此类定价方法的体现。

区分价值定价法是指房地产产品的价格根据不同消费者的不同需求、不同购买力、不同购买地点、不同购买时间等因素，采取不同的价格。例如，对于高层住宅来说，消费者喜欢住高层，因此层数越高，价格也就越高。另外，视野比较好的楼层，消费者也愿意出高价购买，因此，视野比较好的楼层定价较高。

3. 竞争导向定价法

竞争导向定价法就是根据市场上竞品的价格来定价的方法。如果市场中存在大量相类似的竞品,这些竞品都和自己所开发的产品形成竞争,也是替代品。竞品优于自己产品的,价格应该低于竞品价格,否则高于他们的价格,所以产品价格应该在他们的基础上进行调整。调整因素包括区位、配套、容积率、建筑密度等。竞争导向定价法有直接定价法、随行就市定价法、倾销定价法。

直接定价法是根据产品特点直接定价。这种方法主要是一些开发规范大、实力强的知名企业所采用,一般产品特色显著,卖点较多,品质好,企业也有品牌优势,因此他们定价时不大考虑周围竞品价格,直接给自己的产品定价,有时这种价格比周边产品的价格高很多,能引领价格变化。

随行就市定价法就是企业按照行业的平均价格水平来制定自己的产品价格。一般来说,当企业开发的产品特色不强,竞争对手不确定,企业竞争能力弱,不愿打搅市场正常秩序,才采取这样的方法。这是一种比较稳妥的定价方法,可以避免竞争导致两败俱伤。

倾销定价法是企业采用低于成本价进行销售。如在市场低迷、竞争过于激烈时采用,其主要目的是低价进入市场,提升市场占有率。

(二)定价策略

定价策略主要有时点定价策略和整体销售定价策略。

1. 时点定价策略

时点定价策略是在一定的时点上,根据不同的销售情况所制定的价格策略,包括折扣和折让策略、心理定价策略、差别定价策略等。

折扣和折让定价主要指在价格的基础上进行折扣,以促进销售,包括现金折扣,例如,全款买房有折扣;数量折扣,例如,买得越多折扣越大等。

心理定价是根据购买者求廉、求吉的心理制定价格,包括尾数定价,例如价格定为4980 元/平方米;整数定价,例如价格定为20,000 元/平方米。尾数定价不仅使人感觉价格不是随意定的,是经过精心计算而确定的,价格比较可靠。而整数定价恰恰反映了产品的档次,使消费者感到一个很重要的心理因素,显示自己的财富或地位。

差别定价是不同的客户、不同的产品实行不同的价格。楼层不同、朝向不同，价格也不同，一房一价。一般来说，楼房既有垂直价差，也有水平价差。垂直价差是不同楼层之间价格有差异，对于高层建筑来说，楼层越高，价格也越高，每层差距在 50～100 元/平方米。水平价差就是指同一楼层不同户别的价格差异。朝向、采用、通风、视野等都影响到了价格差异。一般而言，朝南的房子优于朝北的，朝北的优于朝东的，朝东的优于朝西的。

2. 整体销售定价策略

整体销售是指开发的楼盘从预售开始到售完为止的全过程。在整个销售期，价格都会变化的，一般来说有低开高走、高开低走、稳定价格策略。

（1）所谓低开高走定价策略，就是根据项目的施工进度和销售进展情况，每到一个调价时点，就按预先确定的幅度有计划地调高一次售价的策略。这种策略是房地产品发售时较常见的定价策略，多用于中低档项目的期房销售，尤其适用于宏观经济转好阶段或人气较旺的待售楼盘。低开高走的策略优点是：便于快速成交，促进良性循环；每次调价能造成房地产增值的假象，给前期购房者以信心，从而能进一步形成人气，刺激有购房动机者的购买欲，促使其产生立即购房的想法；便于日后的价格控制；便于资金周转，资金回笼。低价开盘的不利点：首期利润不高；楼盘形象难以提升。

低价开盘后，如果价格调控不力，譬如单价升幅过大，或者升幅节奏过快，都可能对后续到来的客户造成一种阻挡（放弃或观望等待），从而造成销售呆滞的局面，不但让原先设定的期望利润落空，而且会抵消已经取得的销售业绩。因此，运用这种策略必须掌握一定的技巧。这些技巧主要是：

①掌握好调价的频率和幅度。调价的频率不能太大，幅度也不能太大。

②调价初期可配以适当的折扣或优惠政策作为过渡，有新生客源时再撤销折扣。

③提价要精心策划、高度保密，才能收到出奇制胜的效果。

④提价时要勾勒出新的卖点，刺激消费信心，提价后要加大对已经购买的业主的宣传，让其知晓所购物业已经升值，向亲戚朋友宣传，起到口头传播的作用。

⑤最差的单元一定要在开盘初期推出来，并应尽最大的努力将其卖掉，这是保证后期顺利发售的先决条件。

一般实行低开高走策略的产品的均好性不强，又没有什么特色；楼盘的开发量相对过大;市场竞争激烈,类似产品过多。

(2)高开低走定价策略

所谓高开低走定价策略类似"撇脂定价法",其目的是开发商在楼盘上市初期,以高价开盘销售,迅速从市场上获取丰厚的利润,然后逐步降价,力求尽快回笼资金。

该策略由于高价开盘,便于获取最大的利润,但若价位偏离当地主流价位,则资金周转相对缓慢。同时由于价格高,便于树立楼盘品牌,创造企业无形资产。但是高价开的盘,日后的价格再向上涨的余地少,价格调控难度大。

这种策略一般适用于以下两种情况:一是一些高档商品房,市场竞争趋于平缓,开发商在以高价开盘取得成功后,基本完成了预期的营销目标后,希望通过降价将剩余部分迅速售出,以回笼资金;二是楼盘或小区销售处于宏观经济周期的衰退阶段,或者由于竞争过度,高价开盘并未达到预期效果,开发商不得不调低售价,以推动市场吸纳物业,尽早收回投资。

由于房地产品的保值增值性,消费者买涨不卖跌的心态较强,一旦高价开盘后市场反应冷漠,则降价可能更是雪上加霜。因此,在价格下调时一定要把握一定的技巧。一次调价幅度不可太大,否则易引发市场恐慌,丧失消费信心。可以采用"隐蔽式"方法。这种方法调价收到的效果相对较好,如通过公关活动采取优惠赠送、推出付款期、付款方式、成交数量折扣等隐蔽式调价方法。也可以通过"尾盘"发售,起到刺激购买的良好效果。

四、销售策略

(一)促销方式

促销是促进销售,房地产一般采用以下四种促销方式:广告、人员推销、营业推广、公共关系促销。

1.广告

企业通过付款的方式利用各种传播媒体进行信息传递,以刺激消费者产生需求,扩大房地产租售量的促销活动。包括电视广告、报纸广告、杂志广告等。

2. 人员推销

房地产企业的推销人员通过与消费者进行接触和洽谈,向消费者宣传介绍房地产商品,达到促进房地产租售的活动。人员推销一般适用于楼盘体量小、价值大,目标客户范围小的情况下使用,对推销人员的要求高。

3. 营业推广

指房地产企业通过各种营业(销售)方式来刺激消费者购买(或租赁)房地产的促销活动。在节假日采取的优惠活动,诸如打折等就是营业推广。

4. 公共关系促销

指房地产企业为了获得人们的信赖,树立企业或房地产的形象,用非直接付款的方式通过各种公关工具所进行的宣传活动。一般开发商通过捐赠、公益活动等事件来进行公共关系促销。

(二)现场包装

房地产项目销售时,一般来说,无论是网上销售还是线下销售,目标客户都会亲自到现场去观察,现场接待的地方就是售楼处。因此售楼处在房地产销售时的作用尤为明显。

售楼部既是楼盘形象的展示,也是开发商实力的展示。客户越愿意在售楼处多停留,对项目了解就越多一点,成交的机会无疑也会更高。售楼处的风格档次要与所售楼盘档次风格相一致,不同档次的楼盘,售楼处也不一样。售楼部是销售的前沿阵地,是了解项目的一扇门,具有眼球效应。因此,售楼处要设在比较显眼的位置。有的设在楼盘厅堂内,和所售楼盘是一体的;有的设在主要道路旁建造的独立接待中心,一般不会离楼盘很远,很多是作为将来小区的会所。还有的设在闹市里、商场里等。

售楼部的功能分区主要有接待区、模型展示区、洽谈区、音像区(兼作休息区)、签约区、儿童游戏区等。

售楼处里面通常会有沙盘模型以及售楼书。沙盘模型有电子沙盘和普通建筑沙盘。范围上来说有区域模型、楼盘单体模型以及户型模型,购房者能直观地了解项目概况及造型。

某项目区域沙盘,显示了项目所在区域特点,有交通系统、周边配套、相关产业等。如图 8－1 所示。

图 8－1　某项目区域沙盘模型

某项目楼盘沙盘,楼盘沙盘能清楚地显示楼盘的风格等基本情况,包括总层数、小区布局等。如图 8－2 所示。

图 8－2　某项目楼盘沙盘

户型沙盘主要显示了该户型的功能布局,包括卧室、厅、厨房等。能让购房者直观感受到该户型的特点。如图 8 - 3 所示。

图 8 - 3　户型沙盘

开发商在销售商品房时都制作印刷精美,介绍楼盘特点、交通、规划设计、房型、配套、装饰、设备等情况的资料,市场称为“售楼书”。售楼书应包括建设项目照片(现场实际照片或规划模型照片,根据不同阶段印制不同时期的照片)和相应的文字说明,图片资料。文字说明和图片资料一般包括:

(1)楼盘概况:占地面积、建筑面积、公共建筑面积、商业建筑面积、建筑覆盖率、容积率、绿化率、物业座数、层数、层高、车位数、物业结构。

(2)发展商、投资商、建筑商、物业管理人、代理机构、按揭银行、律师事务所的名称、地址、电话及联系人姓名。

(3)销售许可证及编号。

(4)位置交通:楼盘所处具体位置图、交通路线图及位置、交通情况文字详细介绍。

(5)周边环境:自然环境介绍、人文环境介绍、景观介绍。

(6)生活配套设施:介绍周边学校、幼儿园、医院、菜市场、商场、超市、餐饮服务业、娱乐业、邮政电信等。

(7)建设项目的装修标准和所具备的主要设备、电梯、空调、煤气供热、电力、通信、有线电视、对讲系统等。

(8)规划设计:包括楼盘规划人、规划理念、规划特点、楼盘建筑设计者、设计理念、建筑特色、环艺绿化风格特色等介绍。随着近年人们对生活品位日渐高层次的追求,消费者日益重视建筑内、外部空间的处理、建筑风格、建筑外立面特点,因此规划设计应是售楼书介绍的重点部分。

(9)户型介绍:由于生活方便与否、舒适与否与户型有着极大的关系,因此户型是影响消费者购买决定的重大因素,应以灵活多样的方式将户型特色、户型优点尽情展示。

(10)会所介绍:作为全新生活方式下的产物,作为能提升楼盘整体品位的重要组成,会所在近年的市场中受到越来越高的重视,会所功能、会所设计概念、会所服务细则也应有所介绍。

(11)每平方米或总的销售价格、租金价格;按揭比例、年限及首期交款额、每年交款额;一次交款优惠比例、优惠条件等。

(12)物业管理介绍:物业管理即楼盘的售后服务,随着市场的发展,人们对其日益重视,物业管理人背景、物业管理内容、物业管理特色应有所交代。

(13)建筑装饰材料、保安管理系统、新材料新科技成果运用。

购房者为了了解商品房,还经常到样板房去感受。样板房就是某个户型入住后的样板,分为全拆的样板房、半拆的样板房、能完整卖掉的样板房。样板房其实是户型结构的美化和再创造,强化自己的优点,掩饰其中的缺点,以便完美地展现在客户面前。作为楼盘销售过程中的一个重要因素,样板房已越来越受到房地产开发商的重视和广大购房客户的喜爱。

样板房与楼盘的定位及销售紧密相关联、相呼应。由于样板房针对的是某一特定的目标客户群体,所以其设计必须分析这一群体共性的生活方式需求,通过设计一定的光和色表达出来。一般来说,样板房要做到:

样板房的设置地点和楼层要以方便参观为前提,参观的线路要合理,尽量能与已建设施、环境等结合起来,尽可能地体现项目的环境、区位、景观优势。

样板房套型的选择应以项目主打套型为主,那些比较特殊的必须通过样板房展示才能加深客户印象的套型也应尽量做成样板房。

样板房的布置应包括从售楼部到样板间沿途的布置,包含楼梯、厅堂、电梯和绿化等。

样板房设计应针对目标客户群进行。

样板房、样板间必须确保人流的安全,保障现场施工顺利进行。

为了营造销售氛围,还要对整个工地现场进行包装,包括楼盘视觉形象、工地形象诱导、工地环境包装等。包装设计楼盘视觉形象,通过标识系统、导示系统让购房者清晰地进入项目;工地形象诱导,通过工地路牌、工地围板、工地气氛等让购房者感受到项目的进度;工地环境包装设计,将整个工地现场根据建筑施工的进程和环境特色进行包装,形成项目良好的整体视觉形象。

(三)销售阶段

商品房营销阶段一般分为预热期、开盘期、强销期、尾盘期四个阶段。

1. 预热期

预热期的主要工作是积累客户,也就是蓄客,在商品房尚未面世之前,提前进行客户储备,以便在产品一上市就可以达到预期效果。蓄客前要进行拓客,目前拓客方式大多数是打电话、发传单等的方式。拓客人员在业内被称为小蜜蜂,他们到一定的目标客户聚集地散发传单、搞活动,广泛宣传项目,传递项目信息,挖掘潜在客户。为了让客户了解产品、相信产品,预热期蓄客要做到地盘包装制作完成,包括围墙广告、户外广告看板、售楼处、路旗、小彩旗、景观庭院;宣传工具也要制作完成,包括入口牌楼、施工进度板、广告布幅、指示牌、弧形拱门;其他的诸如模型制作、装修标准及设备标准、内部会所设施、价格表及付款方式、销售人员培训等也是要完成的。

2. 开盘期

蓄客进行要一定程度就可以开盘了。开盘模式包括直接开盘、排号开盘、摇号开盘等。开盘时要制造很强的销售氛围。直接开盘是买方市场较为适用的开盘模式,该模式有助于在客户第一次看房时利用现场的氛围及项目景观打动客户,进行交易,减少客户在反复看房过程中的犹豫而导致放弃购房。一般适用项目:买方市场主导的时代或部分远郊且非开发热点区域项目。客户积累情况很好、供不应求的情况下可以采用排号开盘,根据拿到号的先后顺序等方式来进行选房,这也是开发企业最常选用的开盘式。如果蓄客非常多,可以采用摇号开盘,摇号开盘是根据开发商摇出的号进行选房子,摇到的号码就可以进入内部会场进行选房。通常会给3～5分钟的选房时间，确定选择的房源后，通知工作人员及时备案登记，然后签协议。

3.强销期

强销期一般在项目开盘至开盘后2个月间出现。强销期是楼盘大量销售的时期，一定要勾画出楼盘卖点，包括区位价值、自然景观、配套价值等。还要调整销控放量，要控制好销售节拍，在先导期、开盘期、强销期、收盘期各安排合理的供给比例，每个期间内供应的销售量在面积、朝向、楼层中保持一定大小、好坏、高低的比例，实现均衡销售。同时采用一定的价格策略，例如，根据时点调高价格，实行低开高走的价格策略。

4.尾盘期

这时候商品销售得差不多了，还剩少量产品。尾盘滞销主要原因：产品有问题，周边社会配套设施欠缺，不良的社会口碑，缺乏有效的营销措施而错失营销时机等。一般开发商会通过降价、改良产品、重新包装推广、新盘带旧盘等方式进行尾盘销售。

说到蓄客，不得不提“内部认购”。内部认购原来用意是发展商把一些楼宇单位供自己公司的职员优先选购，以慰劳职员的辛劳，基本上内部认购的对象就应该是公司职员以及与发展商业务、管理有关系的相关人士，例如，负责楼盘建筑的建筑公司、负责策划发售事宜的专业机构或有来往的政府部门的部分人士。

但内部认购被开发商发展成了市场“试金石”。项目处于期楼阶段，没有现房、没有样板房不能给客户目睹实在的东西，只得通过内部认购、开推介会等营销手段，让社会认识项目、了解项目，并从内部认购中获取客户，从而更清楚掌握客房的购房意向及市场需求。内部认购价格一般都比较低，不仅减轻了房地产商的资金压力，也大大降低了他们的融资成本，而且还能聚集人气。

内部认购购房者都会缴纳一定的“诚意金”，对购房者许诺一定的优惠，刺激购房者的积极性；另外，通过收取“诚意金”，确定购房者选房的先后顺序，维护购房秩序。除此之外，还有定金、意向金、诚意登记等叫法。还有提前品鉴、VIP品鉴等。

根据《城市商品房预售管理办法》，商品房预售实行许可证制度，开发经营企业进行商品房预售，应当向城市、县房地产管理部门办理预售登记，取得《商品房预售许可证》。未取得《商品房预售许可证》的项目，开发经营企业不得非法预售商品，也不得以内部认购（包括认订、登记、选号等）、收取预定款性质费用等各种形式变相预售商品房。因此，商品房销售中存在的“认筹”“内部认筹”“VIP 排号”等行为，都是房地产开发商在没有取得《商品房预售许可证》之前的非法活动，是国家明令禁止的。

五、贷款购房

贷款买房是目前非常普遍的购房方式。购房人以住房交易的楼宇作抵押，向银行申请贷款，用于支付购房款，再由购房人分期向银行还本付息的贷款业务，也被称为房屋抵押贷款。购房人不履行债务时，债权人有权依法以抵押的房地产拍卖所得的价款优先受偿。包括个人住房抵押贷款和商用房地产抵押贷款。

（一）个人住房抵押贷款

个人住房抵押贷款，是指个人购买住房时，以所购买住房作为抵押担保，向金融机构申请贷款的行为。个人住房贷款包括商业性住房抵押贷款和政策性（住房公积金）住房抵押贷款两种类型。

政策性住房抵押贷款利率较低，通常只面向参与缴纳住房公积金、购买自住房屋的家庭，且贷款额度有一定限制。我国的公积金贷款即指个人住房公积金贷款，是各地住房公积金管理中心，运用申请公积金贷款的职工所缴纳的住房公积金，委托商业银行向购买、建造、翻建、大修自住住房的住房公积金缴存人和在职期间缴存住房公积金的离退休职工发放的房屋抵押贷款。公积金贷款利率较低，但有一定限制，包括贷款额以及贷款次数等。当政策性抵押贷款不足以满足借款人的资金需求时，还可同时申请商业性住房抵押贷款，从而形成个人住房抵押贷款中的组合贷款。个人住房抵押贷款的利率，有固定利率和可调利率两种类型，我国目前采用的是可调利率方式，即在法定利率调整时，于下年初开始，按新的利率规定计算利息。目前，我国个人住房抵押贷款额度的上限为所购住房价值的 80%，贷款期限最长不超过 30 年。商业性个人住房抵押贷款的操作流程，包括受理申请、贷前调查、贷款审批、贷款发放、贷后管理和贷款回收几个阶段。

个人住房抵押贷款属于购房者的消费性贷款,通常与开发商没有直接的关系,但由于开发项目销售或预售的情况,直接影响开发商的还贷能力和需借贷资金的数量。尤其在项目预售阶段,购房者申请的个人住房抵押贷款是项目预售收入的重要组成部分,也是开发商后续开发建设资金投入的重要来源。由于预售房屋还没有建成,所以金融机构发放个人住房抵押贷款的风险一方面来自申请贷款的购房者,另一方面则来自开发商。购房者的个人信用评价不准或开发商的项目由于各种原因不能按期竣工,都会给金融机构带来风险。

(二)商用房地产抵押贷款

商用房地产抵押贷款,是指购买商用房地产的机构或个人,以所购买的房地产作为抵押担保,向金融机构申请贷款的行为。商用房地产同时也是收益性或投资性房地产,购买商用房地产属于置业投资行为。由于商用房地产抵押贷款的还款来源主要是商用房地产的净经营收入,而净经营收入的高低又受到租金水平、出租率、运营成本等市场因素的影响,导致商用房地产抵押贷款相对于个人住房抵押贷款来说,承担了更高的风险。因此,国内商业银行发放商用房地产抵押贷款时,贷款价值比率(LTV)通常不超过60%,贷款期限最长不超过10年,贷款利率也通常高于个人住房抵押贷款,而且仅对已经通过竣工验收的商用房地产发放。对于商用房地产开发项目,开发商不能像住宅开发项目那样通过预售筹措部分建设资金,但如果开发商能够获得商用房地产抵押贷款承诺,即有金融机构承诺,当开发项目竣工或达到某一出租率水平时,可发放长期商用房地产抵押贷款,则开发商就比较容易凭此长期贷款承诺,获得短期建设贷款。这样,开发商就可以利用建设贷款进行开发建设,建成后用借入的长期抵押贷款偿还建设贷款,再用出租经营收入来偿还长期抵押贷款。

(三)贷款还款计算

银行还款的方式有等额还本付息、等额还本利息照付、一次性还本付息等几种方式。等额还本付息是目前最为普遍,也是银行推荐的还款方式。借款人每月以相等的金额偿还贷款本息,即把贷款的本金总额与利息总额相加,然后平均分摊到还款期限的每个月中。

每次还本付息额的计算公式为：

$$A = P\frac{i(1+i)^n}{(1+i)^n - 1}$$

其中，P 为现值，即贷款额度；i 为计息周期利率；n 为计息周期数，即还款期数。

例如：某家庭以抵押贷款的方式购买了一套住宅，面积为 120 平方米，价格为每平方米 2.2 万元。首付款为房价的 30%，其余房款用抵押贷款支付。如果抵押贷款的期限为 30 年，按月等额偿还，年贷款利率为 5.39%。则该套房子总价值为 120×2.2=264 万元；贷款为 264×70%=184.8 万元；月贷款利率 i=5.39%÷12≐0.449%，计息周期为 n=12×30=360 个月；月还款额为 1.0363 万元$\left[A = P\frac{i(1+i)^n}{(1+i)^n - 1} = 1.0363\text{ 万元}\right]$。

六、房屋交付

房地产开发企业应当按照合同约定，将符合交付使用条件的商品房按期交付给买受人。未能按期交付的，房地产开发企业应当承担违约责任。因不可抗力或者当事人在合同中约定的其他原因，需延期交付的，房地产开发企业应当及时告知买受人。房地产开发企业销售商品房时设置样板房的，应当说明实际交付的商品房质量、设备及装修与样板房是否一致；未作说明的，实际交付的商品房应当与样板房一致。销售商品住宅时，房地产开发企业应当根据《商品住宅实行质量保证书和住宅使用说明书制度的规定》，向买受人提供《住宅质量保证书》和《住宅使用说明书》（以下简称“两书”）。部分省市的住房城乡建设主管部门编制发布了“两书”的示范文本，并对示范文本的使用作出了规定，即房地产开发单位应当参照示范文本，按单位工程、不同户型分别编制“两书”，在办理交房手续时向业主提供。在办理房屋建筑工程竣工验收备案和房地产开发项目竣工综合验收备案时，发现不按规定要求提供“两书”的，要责令限期整改；情况严重的，依法依规予以查处。

房地产开发企业应当对所售商品房承担质量保修责任。当事人应当在合同中就保修范围、保修期限、保修责任等内容作出约定。保修期从交付之日起计算。商品住宅的保修期限不得低于建设工程承包单位向建设单位出具的质量保修书约定保修期的存续期;存续期少于《商品住宅实行质量保证书和住宅使用说明书制度的规定》中确定的最低保修期限的,保修期不得低于《商品住宅实行质量保证书和住宅使用说明书制度的规定》中确定的最低保修期限。非住宅商品房的保修期限不得低于建设工程承包单位向建设单位出具的质量保修书约定保修期的存续期。

住宅保修期从开发企业将竣工验收的住宅交付用户使用之日起计算。《商品住宅实行质量保证书和住宅使用说明书制度的规定》里提出的保修期为地基基础和主体结构在合理使用寿命年限内承担保修;正常使用情况下各部位、部件保修内容与保修期:屋面防水 3 年;墙面、厨房和卫生间地面、地下室、管道渗漏 1 年;墙面、顶棚抹灰层脱落 1 年;地面空鼓开裂、大面积起砂 1 年;门窗翘裂、五金件损坏 1 年;管道堵塞 2 个月;供热、供冷系统和设备 1 个采暖期或供冷期;卫生洁具 1 年;灯具、电器开关 6 个月。

《建设工程质量管理条例》指出,在正常使用条件下,建设工程的最低保修期限为:基础设施工程、房屋建筑的地基基础工程和主体结构工程,为设计文件规定的该工程的合理使用年限;屋面防水工程、有防水要求的卫生间、房间和外墙面的防渗漏,为 5 年;供热与供冷系统,为 2 个采暖期、供冷期;电气管线、给排水管道、设备安装和装修工程,为 2 年。

在保修期限内发生的属于保修范围的质量问题,房地产开发企业应当履行保修义务,并对造成的损失承担赔偿责任。因不可抗力或者使用不当造成的损坏,房地产开发企业不承担责任。

房地产开发企业应当在商品房交付使用前按项目委托具有房产测绘资格的单位实施测绘,测绘成果报房地产行政主管部门审核后用于房屋权属登记。房地产开发企业应当在商品房交付使用之日起 60 日内,将需要由其提供的办理房屋权属登记的资料报送房屋所在地房地产行政主管部门。房地产开发企业应当协助商品房买受人办理土地使用权变更和房屋所有权登记手续。

商品房交付使用后,买受人认为主体结构质量不合格的,可以依照有关规定委托工程质量检测机构重新核验。经核验,确属主体结构质量不合格的,买受人有权退房;给买受人造成损失的,房地产开发企业应当依法承担赔偿责任。

七、销售备案与产权办理

我国实行不动产统一登记制度,不动产登记分为不动产首次登记、变更登记、转移登记、注销登记、更正登记、异议登记、预告登记、查封登记等。下列不动产权利,需按相关规定办理登记:集体土地所有权;房屋等建筑物、构筑物所有权;森林、林木所有权;耕地、林地、草地等土地承包经营权;建设用地使用权;宅基地使用权;海域使用权;地役权;抵押权。

不动产首次登记,是指不动产权利第一次登记。未办理不动产首次登记的,不得办理不动产其他类型登记,但法律、行政法规另有规定的除外。

不动产变更登记,物权登记机构对不动产物权的变动情况进行的登记,包括:权利人的姓名、名称、身份证明类型或者身份证明号码发生变更的;不动产的坐落、界址、用途、面积等状况变更的;不动产权利期限、来源等状况发生变化的;同一权利人分割或者合并不动产的;抵押担保的范围、主债权数额、债务履行期限、抵押权顺位发生变化的;最高额抵押担保的债权范围、最高债权额、债权确定期间等发生变化的;地役权的利用目的、方法等发生变化的;共有性质发生变更的;法律、行政法规规定的其他涉及不动产权利转移的变更情形。

不动产转移登记指房屋因买卖、赠与、交换、继承、划拨、分制等原因导致权属转移变化时所作出的登记,包括:买卖、互换、赠与不动产的;以不动产作价出资(入股)的;法人或者其他组织因合并、分立等原因致使不动产权利发生转移的;不动产分割、合并导致权利发生转移的;继承、受遗赠导致权利发生转移的;共有人增加或者减少以及共有不动产份额变化的;因人民法院、仲裁委员会的生效法律文书导致不动产权利发生转移的;因主债权转移引起不动产抵押权转移的;因需役地不动产权利转移引起地役权转移的;法律、行政法规规定的其他不动产权利转移情形。

由于不动产灭失等原因造成的注销登记包括:不动产灭失的;权利人放弃不动产权利的;不动产被依法没收、征收或者收回的;人民法院、仲裁委员会的生效法律文书导致不动产权利消灭的;法律、行政法规规定的其他情形。不动产上已经设立抵押权、地役权或者已经办理预告登记,所有权人、使用权人因放弃权利申请注销登记的,申请人应当提供抵押权人、地役权人、预告登记权利人同意的书面材料。

下列情形之一的,可以由当事人单方申请:尚未登记的不动产首次申请登记的;继承、接受遗赠取得不动产权利的;人民法院、仲裁委员会生效的法律文书或者人民政府生效的决定等设立、变更、转让、消灭不动产权利的;权利人姓名、名称或者自然状况发生变化,申请变更登记的;不动产灭失或者权利人放弃不动产权利,申请注销登记的;申请更正登记或者异议登记的;法律、行政法规规定可以由当事人单方申请的其他情形。

国务院自然资源主管部门负责指导、监督全国不动产登记工作,不动产以不动产单元为基本单位进行登记。不动产登记采用不动产登记簿,不动产登记簿应当记载以下事项:不动产的坐落、界址、空间界限、面积、用途等自然状况;不动产权利的主体、类型、内容、来源、期限、权利变化等权属状况;涉及不动产权利限制、提示的事项;其他相关事项。

申请人申请时,要提交相关证明材料,并对材料真实性负责。材料包括:登记申请书;申请人、代理人身份证明材料、授权委托书;相关的不动产权属来源证明材料、登记原因证明文件、不动产权属证书;不动产界址、空间界限、面积等材料;与他人利害关系的说明材料;法律、行政法规以及《不动产登记暂行条例实施细则》规定的其他材料。

下列情形,不动产登记机构可以对申请登记的不动产进行实地查看。包括房屋等建筑物、构筑物所有权首次登记;在建建筑物抵押权登记;因不动产灭失导致的注销登记;不动产登记机构认为需要实地查看的其他情形。

现阶段,由于限购限贷等政策的实施,一般销售流程是:先购房条件审核,选房,签订认购书,交定金,付首付款及办理银行按揭,网签,签订购房合同,登记备案,交公共维修基金,交房,办证。

购房条件审核是看购房者符不符合购房的条件,不同时期,购房条件不相同。为了防止购房者付款后,开发商挪走预售资金,造成项目烂尾等风险的发生,还要对预售资金进行监管,设立预售资金监管专用账户,并根据不同节点,例如建成层数达到地上规划总层数一半、主体结构验收、单体竣工验收备案、竣工综合验收备案等四个节点,监管资金留存比例。

综合验收通过后,开发商进行首次初始登记,即取得大证,交房后,要进行不动产转移登记,购房者才能取得分户房产证,即小证。

一般来说,开发商首次初始登记所需要的材料包括:不动产权证书及土地出让合同;建设工程规划许可证;施工许可证;综合验收材料;不动产权籍调查表、宗地图及界址点成果表以及房产测绘成果报告等材料。

购房者办理房产证(小证)所提交的材料包括经备案的商品房买卖合同、购房发票、完税证明等。